Volker Zumkeller

Coaching

Wie Sie Ihre individuellen Fähigkeiten gezielt entfalten und erweitern können

2. Auflage

POCKET BUSINESS

Cornelsen
SCRIPTOR

Bibliografische Information der Deutschen Nationalbibliothek
Die Deutsche Nationalbibliothek verzeichnet diese Publikation in der Deutschen Nationalbibliografie; detaillierte bibliografische Daten sind im Internet über http://dnb.d-nb.de abrufbar.

Bibliographisches Institut GmbH
Bouchéstraße 12, 12435 Berlin

Redaktion Dr. Hildegard Hogen, Jürgen Hotz
Herstellung Judith Diemer
Umschlaggestaltung glas-ag, Seeheim-Jugenheim
Umschlagabbildung © kanate – Fotolia.com
Satz Fotosatz Moers, Viersen
Druck und Bindung Offizin Andersen Nexö Leipzig GmbH, Spenglerallee 26–30, 04442 Zwenkau
Printed in Germany

ISBN 978-3-411-87125-4

Inhalt

Einführung

Coaching boomt weiter. Alle Erhebungen über den Beratungs- und Weiterbildungsmarkt sind sich in dieser Aussage einig. Was noch zu Beginn meiner Coaching-Tätigkeit 1996 als nahezu exklusive Individualberatung für das gehobene Management galt, hat sich auf immer breiterer Ebene im Bereich Personalentwicklung etabliert und dort einen festen Platz unter den Trainings- und Qualifizierungsangeboten eingenommen.
In der Arbeitswelt wachsen der Druck und die Anforderungen an die strategische, fachliche und menschliche Kompetenz von Führungs- und Fachkräften. Standardisierte Seminare können ihnen sehr gute Grundlagen für Methodenwissen und Persönlichkeitsentwicklung im Gruppen-Lernkontext bieten. Coaching ist jedoch der direkteste und gezielteste Zugang zu allen Themen persönlicher Wachstums- und Veränderungsprozesse. Der Coach bewegt sich dabei in einer Rollenvielfalt aus Klärungspartner, mitfühlendem Begleiter, Feedbackgeber, Trainer und Berater in der wohl beziehungsintensivsten Form des Dienstleistungsverhältnisses.

Dieses Buch soll Ihnen Aufschluss geben über die wichtigsten Wissensgrundlagen und Fähigkeiten eines Coaches und Ihnen anwendbare Erkenntnismodelle und Praxisanleitungen zum Üben vermitteln.
Einige der Modelle und Ansätze können Sie direkt verwenden, um sich selbst näher kennen zu lernen. Zum Abgleich Ihres Selbst- und Fremdbildes seien Ihnen besonders die Übungen ans Herz gelegt. Suchen Sie sich hierfür eine Person Ihres Vertrauens aus Ihrem privaten oder beruflichen Umfeld, die Sie bitten können, Sie in Ihrem Lernprozess zu unterstützen, indem sie Ihnen Einschätzungen und Feedback zu den dort beschriebenen Reflexionsfragen gibt. Aber Vorsicht – womöglich lernen Sie dabei, sich über sich selbst zu wundern!

1 Begriffe und Grundsätze

Das Basiswissen

Coaching

In diesem Buch versteht sich Coaching folgendermaßen:

- Systemisches Coaching ist eine lösungsorientierte Form der Unterstützung und Beratung von Menschen in Lern- und Entwicklungsprozessen im beruflichen Kontext.
- Ziel ist die Entfaltung und Erweiterung individueller Fähigkeiten, wie die der Rollen- und Problemlösungskompetenz des Klienten.
- Systemisches Coaching ist zielorientiert und durch konkrete, mit dem Klienten erarbeitete Zielkriterien evaluierbar.
- Coaching ist auf individuelle Bedürfnisse ausgerichtet und dient der persönlichen Entwicklung und beruflichen Leistungsfähigkeit, zum Nutzen des Klienten und seiner Organisation.
- Der Coach fungiert als persönlicher Berater, der den Klienten dabei unterstützt, eigene Lösungen für aktuelle Aufgaben zu entwickeln oder Potenziale für weiterreichende persönliche Entwicklungsziele zu entfalten.
- Besonderes Augenmerk liegt auf der Fähigkeit der Selbstwahrnehmung und -reflexion des Klienten, dem Identifizieren von Problemursachen und Erkennen von Einfluss- und Lösungsoptionen, aber auch von eigenen Grenzen.

Externes Coaching

Das externe Coaching bietet insbesondere durch die „Diskretion“ eines nicht vom Unternehmen bzw. der Organisation voreingenommenen Coaches die Gelegenheit, auch sehr persönliche Themen zu bearbeiten. Im Unterschied zum internen Coaching ermöglicht das externe Coaching dem Klienten eine tiefere Auseinandersetzung mit sich selbst und eine intensive Selbsterfahrung.

Internes Coaching

Heute fungiert internes Coaching immer häufiger als reguläres Instrument zur Personalentwicklung. Oft gibt es Angebote, mit speziell ausgebildeten Coaches (meist aus dem Personalbereich der Organisation) vertraulich zu arbeiten.
Als zweite Variante des internen Coachens, oft eher eine Form entwicklungsorientierter Führung, agiert die Führungskraft bisweilen in der Rolle des Coaches, um Eigenverantwortung, soziale Kompetenz, Kreativität etc. zu fördern.
Ursprünglich galten als Coaching nahezu alle unterstützenden Maßnahmen eines Vorgesetzten (auch lenkende oder überwachende Aktivitäten) zur Befähigung seiner Mitarbeiter, Probleme oder Aufgaben lösen zu lernen. Heute gibt es genauere Differenzierungen zwischen Führung und Coaching.

Coaching unterscheidet sich von ...

Beratung

Der Coach bietet hauptsächlich Prozessbegleitung und kaum Expertenberatung. Falls er inhaltlich befähigt ist, kann der Coach auch seine persönliche Einschätzung äußern oder als Feedbackgeber fungieren.

Führung

Für die Führungskraft in der Rolle des Coaches ist der Hauptunterschied zum Coach: Die Führungskraft verantwortet Ziele und Prozesse und Ergebnisse, als Coach verantwortet sie nur die Struktur und Methodik der (freiwilligen) Zusammenarbeit zwischen ihr und dem Klienten.

Der Klient entscheidet (im Gegensatz zur Führung) ganz unabhängig, ob er Coaching als Form der Unterstützung in Anspruch nehmen möchte oder nicht.

Therapie

Coaching bewegt sich im Bereich des Erkennens und Lernens, der Problem- und Konfliktbearbeitung mit professioneller Begleitung.
Es kann kein Ersatz für ärztliche oder psychotherapeutische Abklärung und nötigenfalls Behandlung sein, bei psychosomatischen Symptomen, psychischen Erkrankungen, Suchtverhalten und allgemein bei reduzierter Selbstreflexions- und Steuerungsfähigkeit. Auch wenn der Coach therapeutisch ausgebildet ist, bedarf es einer Überprüfung und/oder Neudefinition des Kontrakts.

Training

Training setzt voraus, dass eine „richtige" Vorgehensweise (z. B. Verkaufspräsentation) schon definiert ist und „nur noch" eingeübt werden muss. Im Coaching werden dagegen zunächst unterschiedliche Lösungsoptionen auf die größte individuelle und kontextuelle Passgenauigkeit hin gesucht, untersucht und zu einem konkreten Handlungsansatz verdichtet.
Falls für dessen Realisierung neue Methoden, wie z. B. das aktive Zuhören oder Beziehungsklärung durch Feedback, erforderlich sind, kann das Trainieren dieser Techniken ein Bestandteil des Coachings sein.

Mentoring

Im Unterschied zum Coach ist der Mentor üblicherweise nicht eigens für diese Tätigkeit ausgebildet. Er verfügt lediglich über einen Erfahrungs- und/oder Wissensvorsprung. Im Vordergrund stehen hier Integrations- und Identifikationsförderung für junge oder neue Führungskräfte und High Potentials sowie Karriereberatung, allerdings meist im Sinne der Vermittlung von (Erfahrungs-)Wissen.

Im Rahmen eines Mentorings können aber auch Coaching-Elemente zur Anwendung kommen, wenn der Mentor über die Qualifikation und das Einverständnis des Klienten verfügt.

Systemisches und lösungsorientiertes Coaching

Systemisches Arbeiten heißt, die Einzelperson und immer auch das soziale Ganze – Beziehungen und Vernetzungen – im Auge zu behalten. Veränderungen werden immer auch in den Auswirkungen auf das betreffende soziale System betrachtet.
Das lösungsorientierte Modell untersucht und fokussiert in erster Linie nicht die vom Klienten geschilderten Probleme, Konflikte oder Störungen, sondern die Lösungskompetenzen und Lösungsressourcen des Klienten sowie alle Optionen für ihre Nutzung. So soll möglichst schnell eine erwünschte Veränderung herbeigeführt werden.

Die Prämissen systemisch-lösungsorientierter Arbeit sind:

- Jeder Mensch bzw. jedes soziale System besitzt alles Wissen und jede Fähigkeit, um seine Probleme zu lösen.
- Jedes Verhalten ist in einem bestimmten Kontext ein sinnvolles Verhalten. Dahinter steht eine positive Absicht für den Betreffenden.

Das Verhalten selbst wird allerdings von der handelnden Person oder dem sozialen Umfeld nicht automatisch auch als positiv empfunden (sondern je nach Kontext eher als Problem).
Es ist aber aus Sicht der handelnden Person die bislang bewährteste oder am meisten Erfolg versprechende Handlungsvariante, um diese Absicht zu erreichen. Das Verhindern des bisherigen Verhaltens wird deshalb zu Widerstand führen (ebenso wie das Außerachtlassen der Konsequenzen einer Veränderung für andere, an der Problematik Beteiligte).

Unerwünschte Verhaltensweisen lassen sich also erst dann verändern oder durch andere, „bekömmlichere“ ersetzen, wenn erkannt ist, wie ihre wichtige Funktion bzw. Absicht durch eine andere Vorgehensweise adäquat erreicht werden kann.
Das Denken in Zielen und Lösungen verbindet sich mit der Achtung vor den Möglichkeiten und Werten des Klienten.

Anlässe für Coaching

Coaching-Themen kommen im Wesentlichen aus den drei Feldern:

Veränderung von Rolle, Position oder Rahmenbedingungen

- aus der Kollegen- in die Führungs- oder Management-Rolle wachsen,
- Umstrukturierung, neue Rahmenbedingungen,
- Kulturveränderung durch „Fusion“,
- Übernahme besonderer Projekte,
- vorbereitende Kompetenzentwicklung.

Führungsverhalten, Beziehungsgestaltung

- Selbstbild/Fremdbild als Führungskraft,
- Nähe und Distanz im Kontakt,
- Problem- und Konfliktlösung,
- Identifizierung von erhaltenden und lösenden Faktoren,
- Zugewinn von Deutungs- und Handlungsmöglichkeiten.

Wo Mitarbeiter in diesen beiden Bereichen Entwicklungspotenziale oder Handlungsbedarf zeigen, kann sowohl externes als auch internes Coaching durch „Personaler“ oder Führungskräfte angemessen sein. Führungskräfte, die ihren Mitarbeitern ein qualifiziertes Coaching anbieten können, profitieren selbst und unmittelbar von den Resultaten, wie z. B.:

- Leistungssteigerung durch Potenzialentfaltung,

- mehr Eigenverantwortung der Mitarbeiter,
- Gestaltung einer positiven Arbeitsatmosphäre,
- Motivation und Loyalität durch Vertrauen.

Je persönlicher oder gar privater die Themen jedoch werden, desto klarer geht die Tendenz zum externen Coaching.

Persönlichkeit, Lebensentwurf
- Potenzialanalyse und Ressourcenentfaltung,
- Spannungsfelder Beruf und Familie,
- Wiedereinstieg von Frauen ins Arbeitsleben,
- Karriereentscheidungen, Laufbahnreview,
- Selbsterfahrung.

Werte und die Arbeit als Coach

Stellen Sie sich vor, ein neuer Klient (oder: der Autor dieses Büchleins) fragt Sie: *Warum coachen Sie eigentlich?* (oder: *Warum möchten Sie es lernen?*)
Wie klar ist Ihnen, was Ihr innerer Antrieb für diese Arbeit ist, was sie Ihnen bedeutet, welche Werte dabei für Sie wichtig sind – und wie Sie das formulieren würden, wenn Sie das wirklich mal jemand fragt?
Die folgende Übung kann Ihnen helfen, über Ihre Werte für die Arbeit als Coach Klarheit zu erlangen, gegebenenfalls auch für eine Entscheidung, ob Sie das wirklich lernen und praktizieren wollen. (Wenn Ja, dann können Sie in der Arbeit mit Themen/Werten des Klienten diese Übung auch verwenden.)

Übung: Warum ich Coach bin (oder es werden will)

Besorgen Sie sich Stift und Papier für Notizen, und stellen Sie sich dann so intensiv wie möglich vor: Ich bin Coach!

1. Was alles bedeutet Ihnen das Coach-Sein?
2. Was ist für Sie dadurch gewährleistet?
3. Was haben Sie dadurch gewonnen?
4. Was ist dadurch für Sie erfüllt?
5. Welcher Aspekt von all Ihren notierten Antworten zu den Fragen 1 bis 4 wäre für Sie das Wesentliche, Positivste?
6. Stellen Sie sich jetzt vor, Sie haben dieses Wesentliche erreicht, was ist wiederum an diesem Zustand das Wesentliche, Positivste für Sie?
7. Wenn auch dieses Wesentliche, Positivste für Sie nun schon lange Zeit bestehen würde, was wäre dadurch gewährleistet oder erfüllt?
8. Wiederholen Sie diese Frage 7 nun immer wieder mit dem vorherigen Ergebnis und konkretisieren Sie dadurch die Aussagen mehr und mehr – so lange, bis Sie sich schließlich wiederholen.

Wichtig für das optimale Funktionieren der Übung ist, sich vorzustellen *Ich bin jetzt schon Coach.* Und alle Antworten, die kommen, sollen notiert werden.

Stellen Sie sich dann nochmal vor, ein Klient (oder der Autor) fragt Sie: *Warum eigentlich …?*

Auch mit allen Ihren anderen Werten und Motivationen, die Sie bei Frage 1 formuliert haben, können Sie auf diese Weise verfahren. Wenn Sie möchten, bestimmen Sie so Ihre Wertehierarchie quer über alle Ihre Lebensbereiche und ermitteln beschreibbare, erlebbare Erkennungsmerkmale, die Ihnen die Realisierung Ihrer Werte bestätigen.

Ganz ehrlich: Es ist in Ordnung, wenn zu Ihren Werten und Motiven, für die Sie coachen, auch Ihre (eigentlich ja narzisstischen, aber auch legitimen) Wünsche nach eigener Wichtigkeit für andere Menschen gehören. Deren Vertrauen und oft tiefer Dank für Ihre Unterstützung können diese Arbeit sehr erfüllen. Fragen Sie sich aber einmal, ob Sie davon auch sonst im Leben, in Ihren privaten und beruflichen sozialen Beziehungen, genügend bekommen und geben. Sorgen Sie für Ausgleich.

Übung

Wenden Sie sich an eine Person Ihres Vertrauens oder Interesses und fragen Sie diese:

- Welche Werte siehst du durch mich in besonderer Weise vertreten?
- Worin zeigt sich das in meinem konkreten Handeln und Kommunizieren?

Vergleichen Sie dieses Fremdbild, also Ihre Außenwirkung, nun mit den Ergebnissen Ihrer eigenen Werteermittlung und tauschen Sie sich darüber mit der Person aus.

Im Coaching mit dem Klienten begegnen Ihnen Werte ebenfalls als Thema, vor allem bei der Zieldefinition, im Konfliktcoaching und bei strategischen Karrierefragen (z. B. über den Umgang mit dem Zugewinn von Macht und Verantwortung). Es ist gut möglich, dass Sie unbemerkt mit Werten des Klienten kollidieren, z. B. wenn der Prozess unerklärlich zäh wird oder beim Klienten unterschwelliger Widerstand entsteht.

Systemische Grundsätze für Coaching und Veränderung

Persönliche Veränderung bringt Irritation. Das Erweitern oder Verlassen des gewohnten Referenzrahmens ist immer ein Abenteuer und bringt das ganze soziale System in Bewegung.

Um die Situation solide untersuchen zu können und das Wachsen und Lernen der einzelnen Person und ihres sozialen Umfeldes bzw. Bezugssystems professionell zu begleiten, sollten Sie die wichtigen systemischen Meta-Prinzipien ken-

nen und berücksichtigen. Nach diesen Prinzipien laufen auch die unbewussten, z. T. subtilen Selbstorganisationsprozesse von sozialen Systemen ab, werden informelle und formelle Rollen verhandelt und mehrdimensionale Rangordnungen gebildet.
Wie bei den Werten auf individueller Ebene kann es auf dieser Systemebene zu unterschwelligen Konflikten führen, wenn diese Prinzipien missachtet werden. Für die Situationsanalyse können sie daher sehr aufschlussreich sein. In der anvisierten Lösung sollen sie ebenfalls Beachtung finden, da sonst bewusst oder unbewusst Widerstand im System entsteht.

Anerkennen von Gegebenheiten – Das Prinzip der Würdigung

Sie und vor allem der Klient müssen den Ist-Zustand sehr gut erfassen, bevor Sie anfangen, etwas zu verändern. Hinterfragen Sie Vereinfachungen und Pauschalierungen des Klienten. Machen Sie sich klar, was die Situation bzw. die Veränderung für alle Beteiligten bedeutet.

> Anerkennen heißt für Sie als Coach in diesem Fall auch, Bewertungen und Urteile ebenso wie Dramatisierungen oder Trivialisierungen zu unterlassen und damit auch anzuerkennen, dass das bisherige Handeln aller Beteiligten ihre jeweils beste bis dato verfügbare Lösung darstellt.

Diese grundsätzliche Haltung gilt auch für alle folgenden Prinzipien.

Das Recht auf Zugehörigkeit

Einzelne und Gruppen reagieren empfindlich, wenn die gleichwertige Zugehörigkeit aller Systemmitglieder nicht gegeben ist, z. B. wenn sie nicht in wichtige Entscheidungen einbezogen werden oder wenn Kündigungen vollzogen wer-

den, bevor alle anderen Möglichkeiten ausgeschöpft wurden, oder wenn jemand gemobbt wird. Dazugehören war in frühen Phasen der Menschheitsentwicklung sehr wichtig für den Lebenserhalt, und es ist deshalb immer noch ein wichtiges Element unseres sozialen Wohlbefindens.
Das Verändern von bekannten, zwar als „suboptimal" empfundenen, aber wenigstens vertrauten Verhaltens- oder Rollenmustern kann auch neue Grenzen erfordern und Abschiede nötig machen. Aber auch alte Überzeugungen, Gewohnheiten und Werte, die Sicherheit boten, gehen dem Klienten erst einmal verloren oder werden zumindest grundsätzlich in Frage gestellt, wenn er sich auf die Reise ins Neuland macht.

Vorrang des Früheren vor dem Späteren

In der Betrachtung eines Systems ist es wichtig, anzuerkennen, wie lange z. B. die einzelnen Mitglieder schon in der Familie sind oder wie lange jemand schon in der Firma arbeitet und auf seine Weise zum Erhalt und der Funktion des Ganzen beiträgt, egal auf welcher Hierarchieebene. Daraus ergibt sich eine (formelle oder informelle) Rangordnung, z. B. nach Alter und Berufserfahrung.
Bezogen auf den Coaching-Prozess bedeutet das, dass auch das vorherige Verhalten, das der Klient verändern oder ersetzen möchte, nicht pauschal abgewertet wird, sondern in seiner positiven Absicht und seinem Nutzen anerkannt werden soll, damit es leichter losgelassen werden kann.

Das Prinzip von Leistung und Hierarchie

Leistung und Hierarchie verlangen im System nach ausdrücklicher Anerkennung und Manifestation: Wer für das soziale System mehr leistet und mehr Verantwortung trägt, hat Vorrang, ebenso wie jemand, der durch die offizielle Hierarchie übergeordnet ist.

Wird also jemand seiner Führungsrolle nicht gerecht und jemand anderer übernimmt deshalb verantwortungsvollere Aufgaben als angemessen, verlangt das im System nach ausdrücklicher Anerkennung – dennoch besteht für die Führungskraft weiter Klärungs- und Handlungsbedarf, sonst sucht sich das Team evtl. eine informelle Führung.

Praxistipp

Unklare Hierarchie und Verantwortung verursachen immer Irritationen und Spannungen bis hin zu Machtkämpfen. Achten Sie im Coaching bei der Situationsanalyse auf Klärungsbedarf für das System bzw. Ihren Klienten.

Das Prinzip von Kompetenz und Fähigkeiten

Eine weitere Rangebene im sozialen Organismus wird durch die Aufgabenkompetenz definiert: Die Person mit der höchsten Qualifikation für die aktuellen Herausforderungen des Systems hat Vorrang, auch wenn Kompetenz nicht unbedingt mit Leistungsbereitschaft und Verantwortung (wie oben beschrieben) gleichzusetzen ist. Oft führt fehlende Anerkennung von Kompetenz zur Verringerung der Leistungsmotivation.

> Coaching zielt weniger auf die Defizite, sondern sehr auf die (vor allem sozialen) Fähigkeiten und Kompetenzen des Einzelnen und des Systems.

Der Ausgleich von Geben und Nehmen

Für alle Grundannahmen und Prinzipien gilt zudem als Meta-Prinzip der Ausgleich von Geben und Nehmen – weniger im Sinne von „Auge um Auge“, sondern durch echte Wertschätzung des Beitrags und eine angemessene Gegenleistung oder ausdrückliche Würdigung.

Modelle der Wirklichkeit – innere Landkarten

Erfahrung ist nicht etwas,
was einem Menschen passiert;
es ist vielmehr das, was er mit dem tut,
was ihm passiert. (Aldous Huxley)

Konstruktivismus

Mit unserer Wahrnehmung und unserem Denken erschaffen wir uns unsere Wirklichkeit, unsere Sicht der Welt.
Entsprechend seinem Naturell und seiner soziokulturellen Vorbestimmtheit konstruiert jeder Mensch sich sein einzigartiges Weltbild selbst. Er orientiert sich daran, er interpretiert und ordnet die Welt im Rahmen seiner Landkarte, die deswegen nicht unbedingt mit der Landschaft, also der äußeren Realität, identisch ist.
Diese Landkarte hat einen starken Einfluss auf unser Denken und Handeln. Wir reagieren auf Bedeutungen, Interpretationen, Regeln und Werte, die nicht die Wirklichkeit uns aufzwingt, sondern die wir der Welt zuschreiben.

Diese Bildung von „Modellen der Wirklichkeit" ist einerseits sehr hilfreich, weil sie das Leben vereinfacht und hilft bei der Anpassung an die komplexe Wirklichkeit.
Andererseits kann aus einem solchen Modell der Wirklichkeit aber auch ein selektiv reduziertes Bild der eigenen Identität und der eigenen Möglichkeiten resultieren. Projiziert ein Mensch diese innere Landkarte auf seine Umwelt, betrachtet er sie eventuell nur durch diese eine, also seine eigene Brille und verliert dadurch den Blick für „das andere" und damit die Offenheit für Ansätze zu Lösung und Wachstum.
Die Bewusstheit über diese innere Landkarte bietet uns die Chance, diesen Blick zu erweitern, im Führungs- oder Coaching-Prozess neue Aspekte zu integrieren und gegenüber der Wirklichkeit des Mitarbeiters oder Klienten eine echte wertschätzende Haltung zu kultivieren.

Reframing

Ob die Handlungsweise eines Menschen also ein Problem oder eine Lösung darstellt, entscheiden eigentlich nur der Zusammenhang, die Situation und ihre geltenden Regeln, die subjektive Bewertung (= Landkarten) beteiligter oder betroffener Personen – alles in allem: der Kontext.
In nahezu allen heute im Coaching angewandten Methoden und Konzepten strebt man danach, für dieses Verhalten durch einen Kontextwechsel neue, konstruktive Sinnzusammenhänge zu sehen.

> Dadurch kann sich die Bedeutung des Geschehens verändern, obwohl es selbst sich nicht verändert, so wie dasselbe Bild in einem neuen Rahmen ganz anders wirken kann.

Vor allem bei Klienten, die ihr „Problem" als eine Art Stigma verstehen, kann durch ein Reframing wieder Bewegung in die Betrachtung und Deutung des Themas kommen und somit auch neue Möglichkeiten, emotional damit umzugehen.

- „Ich werde immer zu schnell ärgerlich und laut."
  „Sie haben sich also entschieden, Dinge, die Ihnen missfallen, nicht in sich reinzufressen?"
- „Mein Kollege ist nicht ehrlich zu mir."
  „Dadurch bekommen Sie die Chance, sich zu fragen, wie Sie beide zu mehr Vertrauen beitragen können."
- „Ich kann meine Potenziale in der Teamarbeit nicht entfalten."
  „Dadurch werden Kollegen, die schon an ihrem Zenit angelangt sind, nicht von Ihnen abgehängt und blamiert."
- „Ich komme seit Jahren immer auf den allerletzten Drücker zum Flughafen."
  „Es scheint, dass Sie eine gute Dosis Adrenalin zu schätzen wissen, und es deutet auf eine hohe Kompetenz im Prozess- und Stressmanagement hin."
- „Ich vergeude ca. eine Stunde Zeit pro Tag, weil ich Raucher bin."
  „Sie sind also 23 Stunden pro Tag Nichtraucher."

Meine Haltung als Coach und Führungskraft

Durch Reaktionen der Umwelt auf unser Verhalten und/oder gezielten Austausch über Selbstbild und Fremdbild erhalten wir permanent Informationen darüber, wie sich unsere innere Haltung auf Kontakt und Kommunikation auswirkt, vor allem aber auch auf unser eigenes Kontakt-, Führungs- und Konfliktverhalten:
Um ein guter Coach sein zu können, muss man nicht unbedingt Führungserfahrung haben, aber mindestens bereit und in der Lage sein, eine klare strukturelle Führung im Coaching-Prozess auszuüben.

Dafür ist es hilfreich, die eigene innere Führungslandkarte zu betrachten, erst mal nur im Sinne eines möglichst wertfreien Ausleuchtens

meines inneren Führungsskriptes:

- Durch welche bewussten/unbewussten Entscheidungen wurde ich Führungskraft?
- Welche inneren Werte und Normen beeinflussen mein Führungs-/Sozialverhalten?
- Welche elterlichen Gebote (Antreiber) und Verbote (Bremser) gibt es für mich?
- Welche Einstellungen zu Verantwortung und Macht?
- Welche positiven und negativen Vorbilder?
- Welche Bedürfnisse und Sehnsüchte?
- Welche inneren Widersprüche?

meiner Haltung zu Konflikten:

- Welche inneren und äußeren Faktoren beeinflussen mein Konfliktverhalten?
- Welches Rollenverständnis über mich und meinen Konfliktpartner?
- Welche oben bei „Führungsskript“ genannten Faktoren?

meines persönlichen Konfliktmusters:

- Woran merke ich, dass ich mich in einem Konflikt befinde?
- Was sind die auslösenden Faktoren für meine Konflikte?
- Welche Vermeidungsstrategien verwende ich bei bereits identifizierten Konflikten?
- Wie verhalte ich mich, wenn meine Vermeidungsstrategien nicht mehr funktionieren?
- Wie endet „meine typische Konfliktdramaturgie“?
- Mit welchen Gedanken und emotionalen Empfindungen?

Kontakt und Projektion

Je nach Beziehungsintensität und emotionaler Abhängigkeit wirkt unsere soziale Umwelt prägend auf unsere Wahrnehmung unseres Selbsts und unserer Umwelt. Wir entwickeln daraus unser inneres System von Werten und Normen, das uns als elementare Orientierung für die Identitätsbildung und den zwischenmenschlichen Umgang wichtige Dienste leistet.

Nun bewegen wir uns im Leben nahezu permanent im Spannungsfeld zwischen dem Erfüllen solcher sozialen Normen und dem Realisieren unserer individuellen Bedürfnisse und unserer Persönlichkeit.

In beide Richtungen fand und findet ein permanenter Anpassungsprozess statt, bewusst oder unbewusst mit schmerzlichen Kompromissen verbunden. Wenn z. B. Führungspersonen (oder andere Autoritätspersonen) bestimmte Bedürfnisse und Emotionen abwerten oder tabuisieren und grundsätzlichen Respekt an das Erfüllen von Bedingungen knüpfen, wird sich das auf das Selbstwertgefühl ihrer Mitarbeiter auswirken.

Um Anerkennung oder wenigstens Akzeptanz zu finden, neigen wir dazu, die Facetten unserer Persönlichkeit oder unseres Verhaltens, die von den anderen abgelehnt werden, zu verändern, zu unterdrücken oder ins Unbewusste zu verdrängen. Die Dinge, mit denen uns das nicht gelingt, sind oft Gegenstand einer leidenschaftlichen Selbstabwertung, kennen Sie das auch?

Ein Chef, der bis ins Studentenalter von seinen Eltern Ablehnung erfuhr, wenn er nicht Höchstleistung erzielte, kann sich auch als erwachsener Mann kaum selbst verzeihen, wenn ihm ein Fehler unterläuft (und anderen erst recht nicht).

Im Coaching, diesem intensiven Kontakt mit anderen Menschen, deren innerem Erleben und dem resultierenden äußeren Verhalten, werden wir nun aber zwangsläufig mit unseren eigenen, bewusst abgelehnten oder unbewusst verdrängten Bedürfnissen und Persönlichkeitsanteilen konfrontiert.
Zeigt also eine andere Person Wesensmerkmale oder Handlungsweisen, für die wir selbst Ablehnung erfahren haben und die wir an uns selbst nicht mögen, kann es sein, dass wir mit erstaunlicher emotionaler Heftigkeit reagieren. Oft gehen wir mit dieser Spiegelung ähnlich ablehnend um, wie wir es selbst erlebt haben.

Ein Coach, der seine innere Unsicherheit verdrängt oder kompensiert, kann innerlich leicht ungeduldig und abwertend gegenüber einem Klienten werden, den er für zu wenig mutig und entscheidungsfreudig im Beruf hält.

Unbefriedigte unbewusste Wünsche und Sehnsüchte projizieren wir oft auf andere Menschen. Dann kann es sein, dass wir uns unbemerkt auf ähnliche Themen des Klienten fokussieren, die er gar nicht bearbeiten möchte, an denen wir eigentlich unsere eigenen verdrängten oder vernachlässigten Bedürfnisse zu befriedigen versuchen.

Ein Coach, der (aufgrund eines „Es ist nie gut genug"-Glaubenssatzes) schon nahe am Burnout entlangmanövriert, achtet besonders auf eine ausgeglichene Work-Life-Balance seiner Klienten.

So etwas soll man als Coach eigentlich nicht machen, aber es wird Ihnen trotzdem bei aller Reflektiertheit von Zeit zu Zeit passieren, seien Sie dann verständnisvoll und gnädig mit sich selbst.
Als Hilfe zur kontinuierlichen Selbstklärung ist eine Supervision, eventuell in einer Gruppe, sehr anzuraten.

In der Beziehung des Klienten zu Ihnen wird es ebenfalls eine Projektionsebene geben, auf der Sie unbewusst mit den Autoritätsfiguren des Klienten, also meist den Eltern, assoziiert werden und einiges von deren Erwartungs-, Bewertungs- und Belohnungssystem auf sie übertragen wird.
Von daher ist es aus Sicht des Klienten besonders wichtig, dass Sie in der Arbeit mit ihm transparent, vorurteilsfrei und wertschätzend bleiben.

Soziales Lernen

Nun gehen wir ja öfter mal so durchs Leben, sind mit uns und der Welt zufrieden und finden, so könnte es vorerst weitergehen. Aber natürlich wartet schon hinter der nächsten Ecke eine Überraschung, die uns wieder eine Anpassung oder Durchsetzung abverlangt, die uns vor eine reine Lernaufgabe oder elementare Herausforderung stellt.
Wir werden dabei immer aufs Neue mit uns selbst und unseren Fähigkeiten und Defiziten konfrontiert, dafür sorgt schon das Leben an sich mit Unwägbarkeiten und Schicksalsschlägen. Aber vor allem durch die Menschen, mit denen wir in sozialer Verbundenheit oder Abhängigkeit leben, kommen wir immer wieder ans Eingemachte: in Kontakt mit uns selbst.

Unsere bewussten und unbewussten Verhaltensmuster werden stets durch „die anderen“, z. B. Mitarbeiter, Lebenspartner und besonders – oft liebevoll-gnadenlos – die eigenen Kinder, gründlich herausgearbeitet und auf ihr Funktionieren getestet.

> Je intensiver diese sozialen Kontakte sind, desto mehr steigen die Chancen, an die eigenen Grenzen zu kommen, desto weniger können wir uns auf Dauer der Notwendigkeit entziehen, uns selbst zu reflektieren.

Konkrete Auslöser für solche Betrachtungen können neben selbstreferenziellem Interesse an der eigenen Wirkung im sozialen Umfeld auch die Reaktionen der Mitmenschen oder Ergebnisse von Feedbackgesprächen, Potenzialanalysen, Assessments etc. sein.
Gemeinsam haben solche Momente jedenfalls, dass es zu einer Art Erweckung kommt, also deutlich wird, dass eine bestimmte Fähigkeit zu wenig (ausgeprägt) verfügbar ist oder angewendet wird, und leider „bemerken“ es die anderen relativ oft zuerst. Dann erhalten wir erst durch deren Feedback oder Verhaltens Kenntnis über die Diskrepanz zwischen unserer Selbstwahrnehmung und der Wahrnehmung unserer Mitmenschen.
Erheben solche Aussagen über uns den Anspruch von Objektivität, weil sie durch Tests oder Expertenurteile zu Stande kamen, mag einem dies zu Recht als zweifelhaft erscheinen. Wenn jedoch ein Problembewusstsein, bestimmte Erwartungen oder konkrete Entwicklungsziele daraus resultieren, ergibt sich auch in diesem Fall Handlungsbedarf.

Mit dieser Erkenntnis wird eine bis dahin unbewusste Inkompetenz bewusst. Hier endet also die Option, sich auch weiterhin unschuldig zu nennen, der paradiesische Zustand der Nacktheit ohne Schamgefühle endet jäh. Ab jetzt gilt es, sich der Situation zu stellen und den Lern-, Lösungs-, Veränderungsbedarf anzuerkennen (und sich schon mal einen guten Coach zu suchen ...). Beinahe schade, dass sich dieser Zustand der unbewussten Inkompetenz gar nicht richtig selbst erleben lässt (sonst wäre er ja nicht mehr unbewusst). Man kann ihn höchstens durch hartnäckiges Leugnen oder Verdrängen ein wenig künstlich verlängern.

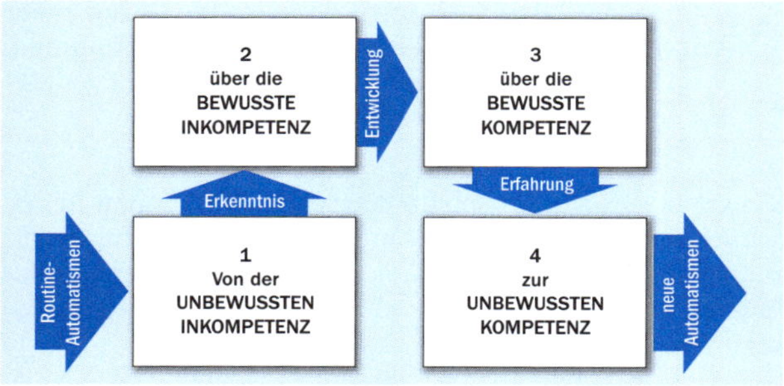

Phasen im sozialen Lernprozess

Sobald wir aber leid- oder lustvoll eingesehen haben, dass es gilt, etwas zu verändern oder zu lernen, richten wir einiges an bewusster, gezielter Aufmerksamkeit auf den Lernprozess, üben neue Verhaltensweisen und scheitern vielleicht erst noch ein paarmal erfolgreich - die Phase der bewussten Inkompetenz.

Doch auch diese ersten Misserfolge lassen uns nicht aufstecken, wir investieren weiter Energie in diesen Entwicklungsprozess, reflektieren, korrigieren, holen Feedback ein und allmählich steigt unsere Erfolgsquote. Was anfänglich noch Mühe machte und mit besonderer Genugtuung oder Lob quittiert wurde, gelingt immer besser und wird zur Normalität.

Diese neu erlangte, bewusste Kompetenz wird durch dauerhaftes Anwenden und Gelingen letzten Endes zu einer Routine, die funktioniert, ohne dass wir uns noch aktiv damit beschäftigen müssen, also zur unbewussten Kompetenz.

Auf den Punkt gebracht

- Coachen ist die lösungsorientierte Begleitung und Unterstützung zur Weiterentwicklung von Persönlichkeit und Leistungsfähigkeit im Beruf. Es unterscheidet sich deutlich von Führung, Training und Therapie.
- Der Coach sollte gut über seine Beweggründe, seine inneren Überzeugungen und Werte bezüglich seiner Arbeit Bescheid wissen. Das ist die Voraussetzung für eine Haltung von Allparteilichkeit ohne subjektive Bewertung der Sichtweisen und Ziele des Klienten.
- Der Klient wird in seiner Einzigartigkeit mit seinen Stärken und Schwächen, Kompetenzen und Grenzen geachtet.
- Begleitend zur Bearbeitung seiner Themen und Ziele entwickelt der Klient im Coaching-Prozess auch die Fähigkeiten zu persönlicher Reflexion, Formulierung klarer Ziele und Entwicklung realisierbarer Schritte als eine dauerhafte Kompetenz.
- Ein soziales System mit seinen vielschichtigen Wirkmechanismen ist vergleichbar mit einem komplexen Mobile: Eine Veränderung eines einzelnen Elements wirkt immer auch auf die anderen Teile.
- *Ich weiß, dass ich nicht weiß – was für den Klienten am Besten ist,* sagt ein guter Coach frei nach Sokrates. Und fährt fort: *Er weiß es selbst – nur weiß er (möglicherweise noch) nicht, dass er es weiß.*

2 Fähigkeiten des Coaches

Notwendiges Wissen für die Praxis

Prozessorientierte Fähigkeiten

Selbstwahrnehmung, Selbstreflexion

Als guter Coach sollen Sie in hohem Maße auf die individuelle Situation des Klienten eingehen, seine (kontextabhängigen) Stärken und Schwächen herausfinden, sein bewusstes und unbewusstes Verhalten analysieren, Motive und Werte ergründen, persönliches Feedback geben und vieles mehr an Klärungsmöglichkeiten bieten.

> Wesentliche Voraussetzung für das Entwickeln und Anwenden dieser Coaching-Kompetenzen ist? Ja, genau: bei sich selbst anzufangen und sich zu sensibilisieren für die Selbstwahrnehmung, das eigene Assoziieren, Denken, Fühlen, Agieren und Reagieren.

Es geht also darum, wie gut Sie sich kennen (auch prägende Faktoren aus Ihrer Geschichte und Erziehung), wie Sie sich hinterfragen und sich hinterfragen lassen und wie Sie für Selbsterfahrung, Supervision und Feedback sorgen. Kurz: Wie Sie Ihr Selbst-Bewusstsein pflegen.

Kontaktfähigkeit, Empathie

Wenn Sie im privaten und beruflichen Umfeld auf andere Menschen zugehen oder zulassen können, dass man Ihnen nahekommt, haben Sie gute Voraussetzungen, um persönliche Beziehungen aufzubauen.
Kontakt- und Beziehungskompetenz bedeutet, Ihre Eindrücke, Gefühle und Impulse, die in diesen Beziehungen entstehen, auch noch authentisch mitzuteilen und sich mit dem

Gegenüber auszutauschen. Je mehr Erfahrung Sie darin haben, desto eher wird es Ihnen als Coach gelingen, sich in Ihre Klienten hineinzuversetzen und deren Empfindungen nachzuempfinden, oft (für Fortgeschrittene) sogar ohne dass sie konkret ausgesprochen wurden oder dem Klienten bewusst sind.
Seien Sie sich aber bitte darüber im Klaren, dass es bei aller Empathie eine Illusion bleiben wird, einen anderen Menschen voll und ganz zu verstehen. Sie brauchen ihm ja auch nur zu helfen, es selbst besser zu lernen.

Rollenklarheit

Fällt es Ihnen schwer, untätig zuzusehen, wie jemand eher mühsam versucht, ein Ziel zu erreichen, Lösungen zu finden, Herausforderungen zu meistern? Helfen Sie öfter mal, ohne vorher zu fragen oder Ihre Hilfe anzubieten? Prima, dann können Sie ja noch was lernen! Zum Beispiel, dass Sie nicht coachen sollen, nur damit Sie selbst sich endlich wichtig und gebraucht fühlen – das ist sehr verlockend.
Die wichtigste Rollenfunktion des Coaches liegt nämlich in der des Partners, der dem Klienten Hilfe zur Selbsthilfe leistet.

> Für Zieldefinition und -erreichung hat im Wesentlichen der Klient die Verantwortung, für Sicherheit und Klarheit im Prozess und dessen Strukturierung der Coach.

Beratend ist er dabei insofern aktiv, als er verschiedene methodische Ansätze zur Klärung und Bearbeitung der Anliegen des Klienten auswählt und einsetzt, wobei er (anders als z. B. der Therapeut) jederzeit eine umfassende Transparenz über die Vorgehensweise und ihre beabsichtigte Wirkung schaffen darf.

Weitere Rollen des Coaches sind die des Vertrauten und Feedbackgebers, des Trainers und Sparringpartners.

Methodenkompetenz

Es gibt eine schier unendliche Vielzahl an Techniken und Methoden, die Sie in der Arbeit mit dem Klienten anwenden können. Solide Fortbildung ist schon mal ein guter Anfang, um bestimmte Fähigkeiten zu erlangen. Eine echte Kompetenz wird daraus jedoch erst, wenn Sie sie im richtigen Moment anwenden, die geeignete Situation mit all ihren Faktoren erkennen, um die geeigneten „Tools" einzusetzen.
Das gilt schon für das Zuhören und das klare Feedbackgeben, es geht weiter mit Fragetechnik, Kreativitäts- und Visualisierungstechniken und endet auch noch nicht bei der Arbeit mit NLP- und Trance-Ansätzen.

Praxistipp

Je größer die Methodenvielfalt und je fundierter Ihr psychologisches und pädagogisches Grundwissen ist, desto variantenreicher können Sie in den unterschiedlichsten Settings agieren. Noch wichtiger ist aber, dass Sie sich sicher und wohlfühlen mit dem Ansatz, den Sie situativ aus Ihrem Repertoire „zaubern".

Beziehungskompetenz

Coaching an sich ist ein komplexer Vorgang, der sich auf mehreren Ebenen parallel bewegt. Sie sollten daher darauf gefasst sein, alle einzelnen Aspekte des Prozesses, ihre Verbindung und ihre Wechselwirkung zueinander gleichzeitig wahrnehmen und steuern zu müssen. Es geht um:

- die Inhaltsebene, also die Arbeit an der Zielsetzung des Klienten,
- die Strukturebene, also die Organisation und die Vorgehensweise in der Zusammenarbeit,
- die Beziehungsebene, also die bewusste und unbewusste Interaktion zwischen Coach und Klient.

Auf dieser Beziehungsebene laufen auch die Übertragungsphänomene ab, wie sie aus der Psychoanalyse bekannt sind und bei denen der Klient Sie unbewusst als eine Art Autorität betrachtet. Dabei projiziert er z. B. Teile seiner Elternerfahrungen oder unreflektierte Gefühle und Impulse auf Sie. Es ist also gut möglich, dass ein Klient vermutet, Sie hätten die gleichen Wertvorstellungen oder das gleiche Anspruchsdenken wie er selbst oder seine Eltern.
Seien Sie sich also darüber im Klaren, dass Ihr Feedback, Ihre Wertschätzung, Ihre innere Haltung zu Person und Thema des Klienten Auswirkungen auf den Prozess haben und seinen zeitlichen Verlauf, seine Intensität und seine schwierigen Phasen beeinflussen können. Nicht zuletzt wurde für viele Klienten ein Verhalten erst dadurch zum Problem, dass es von einer „mächtigen", wichtigen Bezugsperson wie Eltern oder Vorgesetztem als Problem empfunden oder dazu erklärt wurde.

> Im Coaching sind Sie für Ihre Klienten eine sehr wichtige Bezugsperson. Der Klient gestattet Ihnen oft tiefe Einblicke und bietet Ihnen an, mit ihm an sehr persönlichen, oft elementaren Facetten seiner Persönlichkeit oder seines Verhaltens zu arbeiten.

Falls Sie selbst beispielsweise selbstständiger Coach werden wollen, weil Sie mit Autoritäten partout nicht klarkommen, ist es gut möglich, dass Ihre Klienten diese innere Haltung spüren und subtil als Widerspruch wahrnehmen, wenn Sie mit ihnen über die Wichtigkeit von Respekt zwischen Mitarbeiter und Vorgesetzten sprechen.

Auch wenn Sie möglichst unparteiisch bleiben sollen als Coach, wird der Klient von Ihnen Bestätigung und Anerkennung seiner Sicht der Situation (oft sogar explizit) erwarten. Auch hier können Sie ruhig Transparenz herstellen – beispielsweise aufgrund Ihres persönlichen Wertekanons –, worin Sie mit seiner Sicht übereinstimmen und worin nicht.

Sie können aber bei Nichtübereinstimmung ausdrücklich die Position des Klienten respektieren. Hier sind Authentizität und Klarheit angesagt, eine vordergründige Als-ob-Zustimmung wird sich zumindest latent als Irritation oder Widerstand auf den Prozess auswirken.

Ehrliches Feedback wirkt besser als unehrliches Schmeicheln.

Prozesskompetenz

Prozesskompetenz bedeutet nicht Business-Prozessdesign oder Prozessoptimierung, sondern das ständige parallele Wahrnehmen, Klären und Steuern der Zusammenarbeit auf allen Ebenen, z. B. auf der

- Inhaltsebene: Stimmt die Zieldefinition noch, oder muss sie aktualisiert werden?
- Strukturebene: Funktionieren unsere Regeln und Zeiten, sind die Methoden hilfreich?
- Beziehungsebene: Wie geht es uns miteinander im Kontakt?

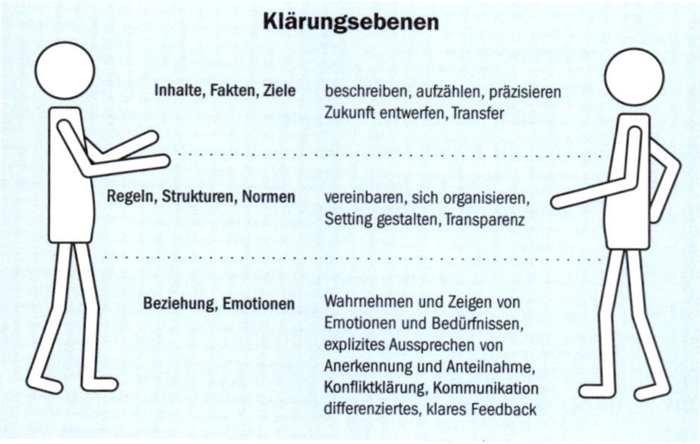

Zusammenarbeit auf allen Ebenen

Störungen im Prozess zeigen sich oft nicht an der Stelle, an der ihre Ursachen liegen.

- Vorbehalte des Klienten gegen ein Thema oder eine Methode können auch Anzeichen für zu wenig Vertrauen zum Coach sein.
- Ungeduld oder Missverständnisse können entstehen, weil das Ziel nicht mehr klar ist.
- Die Umsetzung kann schiefgehen, weil sie unbewusste Werte und Überzeugungen tangiert etc.

Gegebenenfalls ist diejenige Prozessebene ausdrücklich zum Thema zu machen, auf der sich aktuell die Störung bemerkbar macht, und dann auf den verschiedenen Ebenen nach Zusammenhängen bzw. nach dem „eigentlichen" Thema zu schauen. Es hat dann meist sowieso keinen Zweck mehr oder irritiert umso mehr, wenn stur auf der Inhaltsebene weitergearbeitet wird.

Praxistipp

Als Coach sollten Sie nicht warten, bis der Klient die Initiative ergreift und von sich aus Klärung sucht. Das ist Ihre Aufgabe, auch wenn der Klient das selbst, als Nebeneffekt, lernen soll.

Jede dieser Situationen bietet die Chance, den Klienten und das Thema umfassender zu betrachten und zu verstehen.
Wenn Sie bemerken, dass der Klient auf Themen oder Situationen, die Ihnen zunächst weniger wichtig scheinen, besonders intensiv reagiert, z. B. mimisch oder verbal, gehen Sie darauf ein, auch wenn Sie fürchten, dadurch die Komplexität zu erhöhen und den roten Faden zu verlieren.
Oft ist es so, dass Sie an einer unerwarteten Stelle im Prozess oder gerade im Mitgehen mit dem möglichen „Widerstand" (= Defizite bei den Grundbedürfnissen, Wertekonflikte) des

Klienten erst das entscheidende Ende des Fadens zu fassen bekommen und sich so gemeinsam zur Spule vorarbeiten können.

Führungskompetenz

Zu den Prozesskompetenz-Aufgaben des Coaches gehört neben diesem situativen Ansprechen von Störungen und Unklarheiten vor allem auch die Strukturierung des Gesamt-Coaching-Prozesses, jeder einzelnen Coaching-Sitzung und jeder aktuellen Coaching-Übung: Der Coach

- muss wissen, was er mit seinen Interventionen beabsichtigt, und den Nutzen auch dem Klienten plausibel erklären können,
- verantwortet die Vereinbarung und Einhaltung von Regeln,
- übernimmt das Zeitmanagement während der Stunden,
- sorgt für eine vertrauensfördernde Atmosphäre.

Na, das sind doch schon einige Führungsaufgaben, alle gleichzeitig und entlang der Arbeit mit dem Klienten an seinem persönlichen Anliegen.

Allparteilichkeit

Mehr eine innere Haltung als eine Fähigkeit: Es kann ja im Leben schnell mal passieren, dass man z. B. in einer Konfliktsituation als außenstehender Dritter sofort erkennt, wer „schuld“ ist, bzw. glaubt, das sehr sicher zu erkennen, und genauso schnell moralisch Partei ergreift.
Die „Täter-Opfer-Dramaturgien“, die an unseren Gerechtigkeitssinn, an Moral und Helfersyndrom appellieren, erweisen sich aber nach genauerer Betrachtung oft als subtiles Geflecht von Wirkzusammenhängen im konkreten sozialen System. Sollte Ihr Klient solche Situationen schildern, sind Zuschreibungen und Bewertungen genauer zu hinterfragen und sowohl auf ihr Zustandekommen, ihre Bedeutung im

System als auch auf ihre Veränderbarkeit hin zu untersuchen. Also: Vorsicht bei pseudo-objektiven Bewertungen menschlichen Handelns oder Verurteilungen der beteiligten Personen! Alle Beteiligten tun das aus ihrer Sicht Bestmögliche und haben den gleichen elementaren Anspruch auf Wertschätzung und Akzeptanz.

In extremen Fällen, z. B. bei psychischer oder physischer Gewalt oder deren Androhung, muss natürlich unter Umständen erst mal schnell gehandelt werden, bevor man die Situation und ihre Besonderheiten genauer untersucht. Solche Fälle werden aber seltener Gegenstand von Coaching sein, und wenn, dann womöglich in Kombination oder mit Unterstützung von Rechtsberatung, auch dafür gibt es die Experten.

Praxistipp

Begleiten Sie bei Bedarf Ihre Klienten sehr gut im Klären und Abgrenzen. Seien Sie verständnisvoll und empathisch, aber schwingen Sie sich nicht dazu auf, zu verurteilen oder freizusprechen.

Ihre Aufgabe ist es, einen stabilen Rahmen und Prozess zu gestalten, um die optimalen Einfluss- und Lösungsmöglichkeiten für den Klienten und die anderen Beteiligten zu finden.

Führen, Coachen und Verantwortungsrelationen

In Seminaren zum Thema Führungskraft als Coach gibt es immer viel Klärungsbedarf zu Fragen wie:

- „Geht Führen und Coachen überhaupt gleichzeitig?"
- „Coachen ist doch auch Führen, oder?"

Ein wesentlicher Unterschied ist: Solange sich Führungskraft und Mitarbeiter in einem explizit so benannten Rollenkontext als Coach und Klient bewegen, fungiert der Coach als Dienstleister für den Klienten. Dieser braucht seinerseits nichts für den Coach zu tun.

Hier einige Dimensionen von Verantwortung, die zu beiden Rollenkonstellationen gehören, sich aber je nach Führungs- oder Coaching-Kontext ganz anders verteilen.

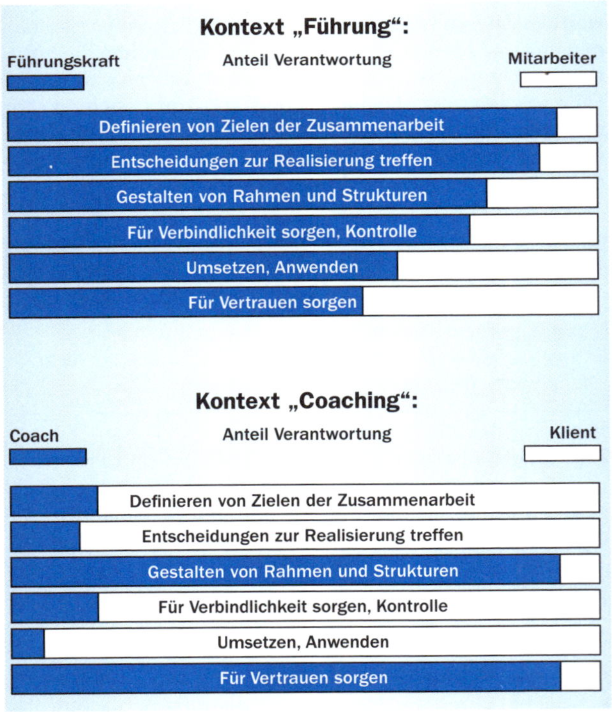

Die unterschiedliche Verantwortungsdimensionen im Führungskontext und im Coaching-Kontext

Für die erwähnten Fragen zum Mitarbeitercoaching bedeutet das: Die Führungskraft bleibt natürlich in der Führungsrolle, auch während sie in bestimmten Problemstellungen und Zielsetzungen des Mitarbeiters als sein Coach fungieren kann. Sie wird vom Mitarbeiter weiter primär als Chef wahrgenommen.

Sie ist meist weniger interessenneutral, was das Ziel anbelangt (jede positive Entwicklung des Einzelnen nützt auch dem Unternehmen), als ein externer Coach. Bei der Einschätzung der „Problemsituation" kennt der Vorgesetzten-Coach außer seinem Mitarbeiter bzw. Klienten vielleicht mehrere der beteiligten Personen schon länger und ist daher nicht unvoreingenommen. Das macht es ihm schwerer, aus der Haltung der Allparteilichkeit heraus zu arbeiten.

Ausnahmsweise kann es im Coaching-Kontext auch der Chef sein, der dem Mitarbeiter deutlich macht, dass zu einem Thema Handlungs- oder Entwicklungsbedarf besteht, und der dabei auch klar das Ziel formuliert, z. B. ein Performance-Ziel einfordert. Für den Lernprozess, den der Mitarbeiter dafür vollziehen muss, kann er sich ihm als Coach anbieten.
Dazu muss dem Mitarbeiter in aller Transparenz verständlich sein, was Coachen in diesem engeren Sinne bedeutet und was es nicht bedeutet, nämlich:

> Dass er selbst die Lösung entwickeln soll, er keine Vorgaben und Ratschläge bekommt, sondern dass er unter Wahrung von Vertraulichkeit und Diskretion Hilfe zur Selbsthilfe erhält.

Falls der Mitarbeiter zustimmt und es zu einer definierten, „offiziellen" Coaching-Zusammenarbeit kommt, muss der Chef den Rahmen klar wechseln und auf zielbezogene Führungsimpulse verzichten.

Es ist aber sehr wichtig, dem Mitarbeiter wirklich und wahrhaftig die Entscheidung zu überlassen, ob er das Coaching-

Angebot annehmen möchte oder die erforderlichen Fähigkeiten in einem anderen Rahmen entwickeln möchte.
Ebenso muss es dem Klienten – am besten explizit erwähnt – klar sein, dass er im Sinne absoluter Freiwilligkeit jederzeit und ohne Rechtfertigung das Coaching beenden kann.

Es gibt Stimmen, die es für unrealistisch halten, dass ein Mitarbeiter ohne Skrupel von diesen Möglichkeiten Gebrauch machen wird, und Auswirkungen in diese Richtung lassen sich durch diese Abhängigkeitskonstellation auch nicht vermeiden.

> Vertrauen zwischen Führungskraft und Mitarbeiter ist die wesentliche Voraussetzung für eine Zusammenarbeit in der Konstellation als Coach und Klient.

Prüfen Sie sich selbst: Glauben Sie, Ihre Mitarbeiter möchten sich gerne von Ihnen so begleiten lassen? (Ach, übrigens: Wie geduldig sind Sie denn so als Führungskraft?) Oder machen sie vielleicht doch nur mit, weil sie Sie nicht enttäuschen wollen oder Sorge haben, ihre „dankende Absage" würden Sie als Ausdruck von Misstrauen auffassen?

Ein wesentlicher Unterschied zwischen externem und internem Coach ist:

> Der externe Coach muss nur innerhalb seiner Rolle für Klarheit sorgen, der interne bzw. Vorgesetzten-Coach auch für Klarheit zwischen seinen beiden Rollen.

Auch als Führungskraft sind Sie zu einem größeren Anteil für das Vertrauensklima verantwortlich als Ihre Mitarbeiter.

Geht also Coachen ohne Führen? Einfache Antwort: nein. Wenn Sie coachen, haben Sie die ganze Verantwortung für den Rahmen (Rollen und Erwartungen), die Struktur (Regeln und Methoden) und für den Prozess (Beziehungsebene, Entwicklung).

Sie haben die klare strukturelle Führungsaufgabe (wie ein Moderator, der die Redezeiten und Intensität der Themenbearbeitung steuert) und entscheiden außer über die methodische Vorgehensweise beispielsweise auch über das räumliche Setting.

Die ursprüngliche Bedeutung von „Coach" ist „Kutsche". Im Dienstleistungsverhältnis zwischen Kutsche und Reisendem ist die Rollenverteilung sehr klar: Die Kutsche erspart dem Reisenden einige Strapazen, die er als Fußgänger hätte, aber die Kutsche bestimmt nie, wohin die Reise gehen soll, und auch nicht, auf welchen Wegen.

Kommunikative Fähigkeiten

Feedback im Coaching

Der Begriff „Feedback" wird in unserem Sprachgebrauch noch vielfältiger strapaziert als der des „Coachens", sogar für rein zahlenorientierte Auswertungen, Beurteilungen oder Berichte aller Art muss dieser Terminus herhalten. In (unserer) Wahrheit (als Coaches) ist Feedback jedoch die Königsdisziplin von Beziehungsklärung.

Der Feedbackgeber kommuniziert explizit auf der Beziehungsebene, der Empfänger erhält direkte Aussagen darüber, wie sein Verhalten wirkt.
Wo es um die Schilderung persönlicher Wahrnehmung und der entsprechenden inneren und äußeren Reaktion geht, ist Feedback das Instrument, um jemandem die subjektive Einschätzung, emotionale Betroffenheit und den resultierenden Handlungsimpuls widerzuspiegeln, den sein Tun und Lassen auf der Beziehungsebene auslöst.

> *Ich weiß nicht, was ich gesagt habe, bevor ich die Antwort meines Gegenübers gehört habe.* (Paul Watzlawick)

Die Beziehung zwischen Coach und Klient soll dem Klienten von Anfang an ein Gefühl der Sicherheit und Stabilität ermöglichen, er soll eine Modellbeziehung erleben, in der er keine fremden Erwartungen erfüllen muss, sondern Wertschätzung und Fehlertoleranz erfährt und insbesondere Vertrauen in seine eigenen Fähigkeiten. Wenn er vom Coach ein Feedback bekommt, kann er sicher sein, dass es aufrichtig und ohne Hinterabsichten daherkommt.
Viele Coaching-Anlässe ergeben sich erst aus mangelnder Klärung relevanter Themen auf der Beziehungsebene. Diese beeinflusst die Zusammenarbeit im beruflichen Kontext erheblich mehr (zu 85 %), als allgemein vermutet wird.

Wirksam bei der Gestaltung des sozialen Miteinanders sind neben ungeklärten Konflikten und unausgesprochenen Bedürfnissen auch die – mehr oder weniger bewussten – Annahmen über die Erwartungen, Absichten und Einstellungen unserer Mitmenschen, die ihr Verhalten uns gegenüber bestimmen.

> Je mehr Klarheit durch Feedback geschaffen wird, desto sicherer wird das Beziehungs-Terrain und desto weniger sind wir auf Spekulationen angewiesen.

So können wir für beziehungsrelevante Themen auch die adäquaten und für alle Beteiligten bestmöglichen Lösungen finden. Im Idealfall werden solche Lösungen auch in einem Höchstmaß den jeweiligen Glaubenssätzen, Werten und Normen des/der Beteiligten gerecht.

Gerade das Überprüfen von solchen oft unreflektierten Überzeugungen ist im Coaching-Prozess Gegenstand von intensiver Auseinandersetzung und Bearbeitung.
Wir als Coaches sind während des ganzen Prozesses gefordert, Eindrücke und Hypothesen, emotionale Reaktionen und Impulse, die der Klient bei uns auslöst, wahrzunehmen und zu identifizieren, um sie dem Klienten als persönliches Feedback zur Verfügung stellen zu können.

Die besondere Chance für den Klienten liegt darin: Er kann vom Coach zusätzlich zu dem Verständnis für die Themen und Zusammenhänge auf der Inhaltsebene seines Coaching-Anliegens auch eine emotional-empathische Resonanz bekommen. Etwa im Sinne eines zweiten Bauchgefühls, wenn der Klient sein eigenes (noch?) nicht genügend wahrnimmt, ernst nimmt, umsetzt oder durchsetzt.
Dies ermöglicht schon einmal den Abgleich zweier Wahrnehmungen und Einschätzungen einer Situation, die der Klient erlebt und der Coach (nur) nachempfindet.

- Wenn ich mir das vorstelle, werde ich zunehmend angespannt. Wie geht es Ihnen dabei?
- Je mehr Sie das erklären, desto erleichternder wirkt das auf mich.
- Für mich wäre das kaum auszuhalten. Wie gelingt Ihnen das?

Die zweite wichtige Resonanz für den Klienten ist Feedback vom Coach dazu, wie er während der Zusammenarbeit auf den Coach wirkt, z. B. durch die Art und Weise, wie er die Sachverhalte seines Coaching-Anliegens beschreibt und beurteilt (z. B. unklar, wertschätzend, differenziert, larmoyant) und wie er dabei im Kontakt mit dem Coach wirkt (z. B. authentisch, devot, fordernd, distanziert).

Praxistipp

Alles, was der Coach auf der vom ersten Moment an aktiven Beziehungsebene zwischen sich und dem Klienten registriert, kann als Feedback verwendet werden. Es ist sehr gut möglich, dass der Klient keine andere Gelegenheit hat, darüber ein Feedback, durchaus auch in aller Deutlichkeit, zu bekommen.

Als Coach sind Sie für ihn jemand ohne eigene Interessen (es sei denn, Sie als externer Coach brauchen gerade dringend

Klienten) bzw. ohne Eigeninteressen am Thema (es sei denn, Sie coachen als Führungskraft einen Mitarbeiter mit einem Performance-Ziel). Ein Beispiel für ein solches Feedback:

Ich staune, dass Sie so scheinbar unbeteiligt über dieses Problem sprechen, für mich fühlt es sich traurig an.

Die dritte Variante für hilfreiches Feedback im Coaching ist die des repräsentativen Feedbacks, d. h., der Coach kann sich ähnlich wie ein Rollenspiel-Partner bewusst in andere Beteiligte hineinversetzen und gibt dem Klienten Feedback über sein Empfinden aus dieser Perspektive.

- Wenn Sie gegenüber dieser Person XY so auftreten, kann es gut sein, dass die sich genauso wenig respektiert fühlt.
- So, wie Sie mich ansprechen, wirken Sie auf mich als Kollege eher desinteressiert.

Und zu guter Letzt gibt das Kennenlernen und methodische Einüben von Feedback im Coaching dem Klienten sehr oft ein Instrument in die Hand, das er konkret für Klärungs- und Lösungsschritte in seinem Coaching-Thema anwenden kann. Dafür ist es auch in Ordnung, die Rolle des Coaches einmal situativ zu erweitern und ausnahmsweise als „Trainer“ oder „Feedback-Experten-Berater“ zu fungieren.
Hierfür sollten Sie allerdings die im Folgenden beschriebenen Regeln beherrschen.

Feedback-Regeln für Coaches

Zuerst der Klient

Grundsätzlich soll zuerst der Klient mit Unterstützung des Coaches seine Lage selbst weiter und tiefer erkunden, als er allein dazu in der Lage wäre.
Auch hier wirkt das „Hilfe-zur-Selbsthilfe“-Prinzip: Der Coach hilft dem Klienten dabei als eine Art Spurenleser, seine Aufmerksamkeit für sich selbst zu verfeinern, zu konkretisie-

ren, um damit die passendste Lösung zu finden, zu erkennen und zu entwickeln.

Der Coach als Feedbackgeber sollte sich ja nun authentisch und sehr subjektiv über seine innere Wahrnehmung und Reaktion äußern, aber: Auch wenn Sie noch so sehr regelkonformes, subjektives Feedback geben, blütenweiße Ich-Botschaften ziselieren, dem Klienten erklären, dass das nur ihre ganz persönliche emotionale Empfindung ist, man es aber auch ganz anders betrachten könne etc. – für den Klienten hat so ein Coach-Feedback einen hohen Stellenwert, und er wird es sehr oft als „richtiger" oder „objektiver" oder „kompetenter" einschätzen. Das kann ihn zur Anpassung oder Abwertung des eigenen Erlebens verführen (was dem Selbsthilfe-Ziel widerspricht).

Häufige Reaktionen in diesem Zusammenhang sind beispielsweise „Ja, jetzt wo Sie das sagen, Herr Coach, es wird wohl eher so sein …" oder „Sie haben bestimmt Recht …".

Daher ist es besser, erst dann, wenn der Klient alle Möglichkeiten der Selbstwahrnehmung und des Identifizierens relevanter Kontextelemente ausgeschöpft hat, die eigenen Eindrücke als reguläres Feedback anzubieten.

Feedback anbieten

Explizit anbieten sollten Sie das Feedback, weil der Klient sonst vielleicht gerade noch mit anderen wichtigen Gedanken oder Gefühlen beschäftigt ist und es ihn gar nicht erreicht. Und auch weil das für diese direkte und für viele Menschen emotional sehr intensive Form der Begegnung auf der Beziehungsebene eine angemessene Form von Aufmerksamkeit ist, eine Art kleine Auftragsklärung.

- Darf ich Ihnen zu diesem Aspekt ein Feedback geben, wie Sie dabei auf mich wirken?

- Ist es in Ordnung, wenn ich Ihnen sage, wie es mir damit gehen würde?

Vor allem wenn Sie den Klienten noch nicht gut kennen, signalisiert diese Vorgehensweise Respekt und überlässt es der Verantwortung des Klienten, sich jetzt darauf einzulassen, sich nicht darauf einzulassen oder sich später darauf einzulassen. In den meisten Fällen „willigen" die Klienten ein, Feedback ist ja etwas sehr Begehrtes.
Setzen Sie dennoch keine Selbstverständlichkeit voraus. Selbst wenn diese vorhanden sein sollte, ist das vorherige Anbieten und Es-sich-erlauben-lassen ein Akt der Achtsamkeit und ein kurzer Moment der Einstimmung für den Klienten. Wenn Sie sich nach und nach besser kennen lernen, können Sie das vielleicht etwas weniger formal handhaben.

Klare Ich-Botschaften formulieren

Formulieren Sie Ihre Botschaften entlang der Phasen eines Wahrnehmungsbogens:

- Wahrnehmung: meine Wahrnehmung des Klienten, seiner Situation und seines Verhaltens,
- Interpretation: meine Deutung und Interpretation, meine Hypothesenbildung ,
- Emotion: meine Emotionen als mitempfindender, aber außenstehender Begleiter oder als Teil der Coach-Klienten-Beziehung.

1. Wenn ich sehe, wie Sie bei dieser Frage die Stirn runzeln (Wahrnehmung),
2. bekomme ich den Eindruck, dass Sie doch nicht so ganz überzeugt sind, dass das Coaching-Ziel so richtig definiert ist (Interpretation).
3. Dadurch werde ich langsam unsicher (Emotion).
4. Und ich möchte mich vergewissern, dass wir beide das gleiche Verständnis haben (Handlungsimpuls).
5. Ich finde es wichtig, dass Sie es ansprechen, wenn Sie sich nicht verstanden fühlen (Veränderungswunsch).

Der Handlungsimpuls (4). und der Wunsch (5.) sind kein obligatorischer Teil des Feedbacks; vielleicht sind sie dem Feedbackgeber (noch) gar nicht klar.

> In der Coaching-Beziehung kann es sogar sehr wichtig sein, den eigenen Impuls oder Wunsch nicht zu verbalisieren, um den Klienten nicht mehr als vermeidbar zu beeinflussen.

Wenn Sie jedoch den Klienten darin coachen, jemandem ein klärendes, differenziertes Feedback zu geben, sind diese beiden Aspekte bei der Umsetzung womöglich sehr wichtig.

Feedback von Meinung, Erfahrung und Expertenrat abgrenzen

Wie weiter oben schon erwähnt, verstehen Klienten auch ein subjektives, persönliches Feedback vom Coach leicht als so etwas wie eine Erfahrungs- oder Experten-Meinung.
Machen Sie für den Klienten deutlich unterscheidbar, was Sie ihm gerade anbieten, und nennen Sie es beim Namen: Feedback, Hypothese, eigene Erfahrungen oder Ideen.

Praxistipp

Beachten Sie vor allem auch, dass Sie nicht zu früh dran sind damit, sondern beginnen Sie erst dann, etwas „Eigenes" ins Gespräch einzubringen, wenn der Klient all seine eigenen Möglichkeiten realisiert hat.

> Die Regel mit dem Anbieten gilt hierfür (streng genommen) gleichermaßen.

Als interessierter Zuhörer und engagierter Begleiter werden Sie vermutlich all diese inneren Assoziations-, Erfahrungs- und Ideenspuren permanent mitlaufen lassen, aber auch hier darf (und will) der Klient selbst arbeiten. Ihre schwierige Aufgabe ist es, ihn auch zu lassen ...

Arbeit mit Hypothesen

Wenn von Hypothesen die Rede ist, begegnen wir im Coaching zum einen den Hypothesen des Klienten. Diese beeinflussen seine Einschätzung zu seiner Wirkung auf andere oder zu den möglichen Folgen seines Handelns.
Sehr oft wird dadurch seine Sicht auf seine eigenen Ressourcen getrübt oder reduziert. Sie können daher als Fragetechnik gezielt hypothetische Fragen verwenden, um den Kontext zu verändern.

„Wenn das Problem schon gelöst wäre, wie würden Sie das beurteilen, wenn Sie XY wären?"

Aber für die Arbeit mit dem Klienten gibt es noch eine weitere besondere Art, Hypothesen zu bilden, um den relevanten Themenbereich oder „blinde Flecken" weiter auszuleuchten. Hypothesenbildung unterscheidet sich vom Feedback dadurch, dass es nicht unbedingt um eine emotionale Beziehungsaussage geht und dass sie nicht nur auf dem wahrnehmbaren Verhalten des Klienten beruhen soll, sondern auch auf Intuition und Erfahrung des Coaches.
Dazu gehört das Anbieten von eigenen, plausiblen Erklärungsoptionen des Coaches, d.h. das Ansprechen eigener Vermutungen, möglicher Folgerungen, Empfindungen, Irritationen etc.

- „Wenn Sie so über Ihre Situation berichten, frage ich mich: Sind Sie innerlich auch so ruhig wie äußerlich? Auf mich wirkt das nicht authentisch, sondern eher irritierend."
- „Kann es sein, dass Sie das Ihrem Mitarbeiter nicht zutrauen?"
- „Ist es möglich, dass Sie das an jemand anderen erinnert?"

Sehr wichtig ist auch der sorgsame Umgang mit diesem Instrument. Achten Sie darauf, mit dem Klienten zuerst seine eigenen Ergründungs- und Erklärungsansätze zu verfolgen, werden Sie erst danach mit eigenen Hypothesen aktiv.

Und auch hier empfiehlt sich aus den gleichen Gründen wie beim Feedback: erst anbieten und die Erlaubnis geben lassen.

Kündigen Sie an, was kommt („nur“ eine Hypothese), und machen Sie klar, durch welche Eindrücke, Fakten etc. Sie zu dieser Hypothese gekommen sind - vielleicht durch das Verhalten des Klienten? Oder eher durch Ihren Erfahrungsschatz oder eine intuitive, aber im Weiteren begründbare Idee?

Praxistipp

Verdeutlichen Sie immer die Fehlbarkeit, erklären Sie, dass es sehr gut möglich sein kann, dass Sie mit dieser Hypothese danebenliegen.

Hypothesen können sehr gut als geschlossene Fragen gestellt werden, dann hat der Klient unmittelbar die Gelegenheit, sie genauer zu betrachten und zu überlegen, ob „was dran“ sein könnte, oder sie gleich wieder „rauszuschmeißen“, wenn er sie als unzutreffend erachtet.

„Darf ich Ihnen dazu eine Hypothese anbieten?“ Falls ja:
- „Vielleicht täusche ich mich, aber so, wie Sie das erzählen – kann es sein, dass Sie sich unterschätzt oder benachteiligt fühlen?“
- „Kann es sein, dass Sie sich innerlich noch nicht entschieden haben?“
- „Kann das daran liegen, dass Sie eigentlich lieber ...?“
- „Hat diese problematische Situation auch Vorteile für Sie?“
- „Halten Sie es für möglich, dass Sie da Ihre Gefühle nicht ernst nehmen?“
- „Glauben Sie, dass es dem ‚anderen‘ ähnlich gehen könnte?“

Eine Hypothese kann auch als kausale Wenn-dann-Option formuliert werden.

„Wenn Sie bisher noch nichts verändert haben, ist es vielleicht möglich, dass die Vorteile des Bisherigen überwiegen?“

Diese Art von Formulierung können Sie sowohl als „Input“ für eine neue Sicht ins Gespräch bringen als auch, um Ihre Annahmen, die Sie eventuell zuvor über diesen Aspekt geäußert haben, zu begründen.

„Kann es sein, dass es bei dieser Frage auch noch um andere Themen geht?“

Mit ausdrücklicher vorheriger Erlaubnis des Klienten haben Sie sogar die Freiheit, sehr gewagte Hypothesen zu bilden:

- „Kann es sein, dass Sie sich insgeheim auch gerne mal solche Unverschämtheiten rausnehmen würden wie XY, sich aber nicht trauen?“
- „Kann es sein, dass Sie vielleicht gar nicht erfolgreich werden dürfen, um Ihren gescheiterten Vater nicht zu beschämen?“
- „Kann es sein, dass Sie den Wunsch nicht realisieren dürfen, um Ihre aufopferungsvollen Eltern nicht zu enttäuschen?“

Sie können natürlich auch den Klienten einladen, mal intuitiv als Resonanzboden zu fungieren und (eventuell zeitgleich mit Ihnen) rumzuspinnen und die verrücktesten Hypothesen zu bilden, die sein Thema zulässt. Sie selbst sollten nicht der Versuchung erliegen, den Klienten (wie so mancher Fernsehkommissar) durch Ihre Fragen „dorthin zu bringen“, wo sich Ihre Lieblingshypothese endlich bestätigt.

Ich habe jedenfalls die Hypothese, dass Sie schon relativ viel mit Hypothesen arbeiten, aber bislang vielleicht noch eher intuitiv, künftig eher methodisch professionell.

Bevor wir als Nächstes zu den Fragetechniken kommen, erst noch eine kleine Exkursion in die Welt des Zuhörens anhand dieser Tabelle:

Hören	• eigene Gedanken • eigene Vorurteile • bis man selbst etwas sagen kann
Zuhören	• Inhalte, keine Gefühle • was man hören möchte, anstatt der eigentlichen Bedeutung • nicht wirklich innerlich beteiligt, reserviert
Aktives Zuhören	• Inhalte und Emotionen • sensibel für Zwischentöne • eigene Beteiligung und Interesse zeigen

Drei Ebenen des Zuhörens

Bedenken Sie immer: Wie man in den Wald hineinhorcht, so schallt es heraus.

Fragetechniken im Coaching

Zusammen mit Feedback und Hypothesenbildung gehören die verschiedenen Fragetypen zu den wichtigsten Elementen des Coaching-Gesprächs. Mit ihnen kann der Coach alle bekannten, bewussten und unbewussten, inhaltlichen und sozialen Aspekte des Coaching-Themas und der Coaching-Beziehung hinterfragen.
Mit Empathie, Wertschätzung und Fokussierung beleuchtet und steuert er auch den Prozess auf allen Ebenen und veranlasst den Klienten, neue Perspektiven einzunehmen, neue Gedankengänge zu beschreiten, überall, wo Lösungen lauern, genauer nachzuforschen, Diffuses oder Tabuisiertes besprechbar zu machen – und das alles mithilfe von Fragetechniken.

Im Folgenden werden deshalb verschiedene Fragetypen und deren Effekte und Nutzen vorgestellt und voneinander abgegrenzt.

Offene und geschlossene Fragen

Offene Fragen regen den Antwortenden an, ausführlicher zu reflektieren und zu beschreiben.

- Was sind Ihre Erwartungen an mich als Coach?
- Woran merken Sie die Veränderung?
- Welche Erklärungen haben Sie für die Situation?
- Was wären die ersten Anzeichen für Erfolg?

Geschlossene Fragen sind Entscheidungsfragen und können nur mit Ja oder Nein beantwortet werden.

- Ist es in Ordnung, wenn ich Sie dazu etwas frage?
- Möchten Sie, dass es sich so weiterentwickelt?
- Fühlen Sie sich als Führungskraft respektiert?
- Trauen Sie sich diesen Schritt zu?

Zirkuläres Fragen

Zirkuläres Fragen schafft empathische und gedankliche Vernetzung und Horizonterweiterung durch Perspektivenwechsel (während einer Art Blitz-Trance, nämlich dem Augenblick, bis man in die „Haut des anderen" geschlüpft ist).

- Wie sieht das Thema aus der Sicht von XY aus?
- Was glauben Sie, wie geht es Ihrem Mitarbeiter mit Ihnen?
- Was vermuten Sie: Was denkt Ihr Vorgesetzter, aus welchem Grund Sie sich ihm gegenüber so verhalten?
- Welche Veränderung würde Ihnen Ihr loyalster Kollege wünschen, welche Ihr kritischster?
- Woran würden Ihre Mitarbeiter merken, dass Sie sich verändert haben, was würden sie über Ihr Verhalten sagen?

Zirkuläres Fragen kann Tabus indirekt zur Sprache bringen oder wenigstens bewusst machen.

- Glauben Sie, Ihr Chef ahnt, dass Sie ihn für überfordert halten?
- Was glauben Sie, würde der neue Mitarbeiter sagen, mit welchem der beiden Konfliktpartner Sie mehr sympathisieren?
- In welchen Bereichen betrachtet Ihr Kollege Sie möglicherweise als Konkurrent?
- Wenn Ihr Kollege sich zur Frage äußern würde, wodurch Sie es ihm leicht machen, Ihnen zu vertrauen, und wodurch Sie es ihm schwer machen, was würde er sagen?

Skalierende Fragen

Durch die feinere Abstufung von Unterschieden ermöglichen skalierende Fragen dem Klienten, Dimensionen seines Befindens oder Veränderungen zu beschreiben.

- Wie stufen Sie Ihre Zufriedenheit in dieser Frage auf einer Skala von 1 bis 10 ein? (1=minimal, 10=maximal)
- Was müsste passieren, damit Ihre Zuversicht auf der Skala von 4 auf 5 steigt?
- Wer im Team ist an dem Thema am meisten interessiert?
- In welchen Momenten ist Ihre Unsicherheit am kleinsten?

Hypothetische Fragen

Mit hypothetischen Fragen können Annahmen und Vermutungen geklärt werden, sie können das Thema aber auch in einen anderen Kontext verlegen und neue Spuren in mögliche, alternative Wirklichkeiten legen.

- Angenommen, Ihre Vermutung würde sich bestätigen, was wäre die Konsequenz?
- Gesetzt den Fall, Sie könnten nochmal bei null anfangen: Was würden Sie als Erstes anders machen?

- Angenommen, das Problem wäre gelöst, was hätte sich geändert bzw. was würden die Beteiligten anders machen?
- Wie würden Sie das Problem lösen, wenn Sie ...
  - acht Jahre alt wären,
  - Ihr Konfliktpartner wären,
  - dabei nicht sprechen (sondern nur handeln) dürften,
  - auf nichts Rücksicht nehmen müssten?

Diese Fragen ermöglichen neue Betrachtungsweisen des Systems. Die Antworten selbst sind nicht unbedingt wichtig.

Problemorientierte und lösungsorientierte Fragen

Problemorientierte Fragen sind sehr wichtig für die Situationsanalyse, richten sich aber eher in die Vergangenheit, wodurch die Energie zur Veränderung sinkt.

- Warum trauen Sie sich das nicht zu?
- Welche Ursachen und Auswirkungen gibt es?
- Für wen ist es am schlimmsten?
- Wer ist schuld oder verantwortlich?
- Was ist das eigentliche Problem?
- Was passiert, wenn es noch schlimmer wird?

Lösungsorientierte Fragen suchen nach Veränderungsansätzen. Sie richten sich in die Zukunft, hier steigt die Energie.

- Was brauchten Sie, um es selbst zu versuchen?
- Was wären erste Zeichen für eine Verbesserung?
- Welche Unterstützung ist sinnvoll und möglich?
- Wer kann oder muss welchen Beitrag leisten?
- Um welche grundsätzlichen Bedürfnisse geht es?
- Wodurch wurde bisher verhindert, dass es noch schlimmer wird?

Übung

Vergleichen Sie mal Ihre Atmung und Körperspannung, während Sie je zwei- bis dreimal zuerst die problemorientierten Fragen und dann die lösungsorientierten Fragen durchlesen und auf sich wirken lassen. Bemerken Sie einen Unterschied?

Paradoxe Fragen

Paradoxe Fragen führen zu einer konstruktiven Irritation der Denkmuster des Klienten. Sie zielen oft auf eine Verstärkung des Problems und provozieren gerade dadurch eine erhellende Gegenreaktion und Auflockerung festgefahrener Denkmuster.

- Wie könnten Sie dafür sorgen, dass Ihre Befürchtungen eintreten oder sogar noch übertroffen werden?
- Auf welche andere Weise als durch das Problem könnte diese wichtige Botschaft übermittelt werden?
- Was müsste passieren, damit es so schiefgeht, dass man es danach nie wieder versuchen würde?
- Wie haben Sie dafür gesorgt, dass Sie nichts dafür können?
- Wie könnten Sie Ihren Stress am wirkungsvollsten verstärken, um sich nicht mit dem eigentlichen unangenehmen Thema befassen zu müssen?

Alternativfragen

Alternativfragen fordern eine Auswahl oder die Entscheidung zwischen vorgegebenen Optionen.

- Wollen Sie jetzt oder in einer halben Stunde Pause machen?
- Halten Sie das für eher förderlich oder hinderlich?
- Ist Ihnen der Beruf oder das Privatleben wichtiger?

Auf den Punkt gebracht

- Die Arbeit als Coach verlangt ein breites Repertoire an persönlichen und methodischen Fähigkeiten, deren wichtigste Funktion immer wieder das Klären ist.
- Persönliche Fähigkeiten des Coaches wie Selbstwahrnehmung, Empathie und Rollenkompetenz sind elementar für die Kontaktgestaltung und einen vertrauensvollen Lernkontext.
- Der Klient lernt nicht nur aus persönlicher Erfahrung, sondern auch am Vorbild, durch ein ehrliches Beziehungsangebot und die Authentizität des Coaches.
- Wegen der Verantwortung des Coaches für Zeit, Regeln, Rahmen, Struktur und Prozess ist Coaching eine Führungsaufgabe. Die Verantwortung für Inhalte und Ziele trägt er nur insofern, als er deren präzise Formulierung durch den Klienten unterstützt.
- Es ist zwar möglich, Führungskraft zu sein, ohne Coaching-Elemente anzuwenden, aber der Versuch zu coachen, ohne Führung auszuüben, endet in aller Regel bei einer Beurteilung nach dem Motto „nett, dass wir darüber geredet haben".
- Für das Arbeiten mit Feedback, Hypothesen und Fragetechniken und die Verwendung methodischer Ansätze zur Analyse und Bearbeitung ist es wichtig zu prüfen, ob sie wirklich zum Coach, zum Klienten, zum Thema und der Situation passen. Kontextgerechter Methodeneinsatz heißt Prozesskompetenz.

3 Die vier Phasen im Coaching-Prozess

Coaching-Arbeit Schritt für Schritt

Jede einzelne Coaching-Sequenz lässt sich (ebenso wie der Coaching-Prozess als Ganzes) in vier Phasen gliedern:
1. In Kontakt kommen (in der ersten Sitzung: Kontrakt schließen)
2. Situationsanalyse, Klärung, worum es geht
3. Arbeiten am Thema, an der Lösung
4. Abschluss, Abschied

Im Gesamtprozess über mehrere Sequenzen wiederholen sich diese Phasen einzelner Coaching-Sequenzen. Mit der Dauer des Prozesses verlagern sich die Schwerpunkte jedoch mehr und mehr, und sie gehen ineinander über. In den ersten Sitzungen werden die Kontaktphase und Situationsanalyse länger dauern, zum Ende hin verschiebt sich der Fokus mehr in Richtung Transfer, Auswertung und Abschluss.

Im Wesentlichen lassen sich auch im Gesamtprozess vier Phasen unterscheiden, die in den nächsten Kapiteln genauer beschrieben werden.

Kontakt und Auftragsklärung

Vorkontakt zur Terminvereinbarung

Setzen wir einmal voraus, dass Sie sich nicht auf Spontancoaching in der morgendlichen U-Bahn-Rushhour spezialisieren wollen – dann findet der erste Kontakt mit einem Interessenten meist am Telefon statt. Seltener sind direkte Begegnungen.

Bei diesem allerersten Kontakt ist die Versuchung groß, im Gespräch schon bald mitten im Thema zu sein, ohne jedoch die nötige Klarheit über wichtige Voraussetzungen und Rahmenbedingungen geschaffen zu haben.

Das eigentliche Coaching-Anliegen des Klienten sollte bei diesem Vorkontakt noch nicht „vorbearbeitet" werden. Gehen Sie noch nicht auf Erkundung, auch wenn es recht dringend erscheint. Beschränken Sie sich auf die Information über die wesentlichen Kernthemen:

- Auskünfte des Klienten: Person, Thema, Anliegen, Anlass für die Kontaktaufnahme, Dringlichkeit
- Auskünfte des Coaches: Erklärung des eigenen Angebots und der Arbeitsweise. Einschätzen, ob das Thema für Coaching geeignet ist, Auskünfte auf Fragen des Interessenten

Die Klärung des Rahmens (Termin, Zeitumfang, Ort, eventuelles Honorar etc.) hat beim Vorkontakt Vorrang vor den Inhalten und Zielen.

Die Führungskraft als Coach

In der Rolle der coachenden Führungskraft empfiehlt es sich sehr, zu prüfen, ob zunächst ein reines Informationsvorgespräch geführt werden sollte. Der Mitarbeiter braucht eventuell Zeit, „das alles" auf sich wirken zu lassen, seinem Bauchgefühl nachzugehen, noch aufkommende Fragen zu klären und sich zu entscheiden.
Ganz wichtig: In der Führungsrolle müssen Sie ab und zu sicher mal Zeitdruck erzeugen, aber hier in der Coach-Rolle überhaupt nicht. Nicht einmal sanftes Überreden sollten Sie versuchen, auch wenn Sie noch so überzeugt von der Richtigkeit und den Erfolgsaussichten sind.

Die Freiwilligkeit ist in dieser Konstellation eine absolute Voraussetzung.

Der Mitarbeiter braucht als Entscheidungsgrundlage auch folgende Informationen:

- Das Coaching ist keine Zielvereinbarung im bekannten Sinne.
- Es hat keine Auswirkungen auf Beurteilung oder Bezahlung.
- Es basiert auf Freiwilligkeit.

Der Anfang hat gründlich zu sein. Erst nach einem nahezu formalen Akt des Einverständnisses des Klienten geht es weiter .

Vorkontakt im Dreieck – wenn Klienten geschickt werden

Als externer genauso wie als interner Coach begegnet man öfter der Situation, dass ein Klient ins Coaching geschickt wird und sogar der Kontakt zur Terminvereinbarung vom Vorgesetzten oder der Personalabteilung hergestellt wird.
Für einen regulären Coaching-Prozess gilt das noch nicht als Coaching-Kontrakt. Der existiert erst, wenn er zwischen den handelnden Personen formal geschlossen wird. Das heißt, ohne Einverständnis des Klienten kommt kein Termin zustande. Daraus ergeben sich folgende Fragen an den „Auftraggeber“:

- Was veranlasst Sie zu diesem Vier-Augen-Vorgespräch?
- Dürfte der potenzielle Klient all Ihre Erwartungen an das Coaching eins zu eins wissen?
- Was hängt für den Klienten vom Erfolg des Coachings ab, ist er darüber im Bilde?
- Worin würde der Klient XY Ihnen zustimmen, worin eher nicht, wenn er unser Gespräch gerade hören könnte?

Wenn über diese Fragen mit dem potenziellen Auftraggeber nicht völlige Transparenz für den Klienten zu erreichen ist, kann es sein, dass das Coaching nicht zustande kommt, z. B. weil nur der Vorgesetzte (als Auftraggeber) Veränderung wünscht.

Für das Gelingen ist es wichtig, die Rollen zu klären: wer Auftraggeber für das Coaching ist, und klarzustellen, dass nur der Klient selbst sich zum Klienten (bereit-)erklären kann.

Der Klient hat ein Anrecht, alles zu wissen, was dem Coach an Vorinformationen, Erwartungen oder „Lateral"-Aufträgen aus dem sozialen Kontext bekannt ist. Es wirkt sowieso im Raum, beeinflusst die Arbeit und sollte keinesfalls verheimlicht oder ignoriert, sondern immer wieder angesprochen werden, z. B. durch zirkuläre Fragen wie: „Was, glauben Sie, würde Auftraggeber X erwarten oder davon halten?"

Eine sehr gute Möglichkeit, damit professionell umzugehen, kann auch ein Vorgespräch zu dritt (Auftraggeber, potenzieller Klient und Coach) sein, bei dem konkrete und transparente Absprachen mit allen Beteiligten getroffen werden können.

> Wichtig: Bleiben Sie bei allen wichtigen Themen (z. B. Vertraulichkeit) klar bei Ihrer Position, das sorgt schon zu Beginn für Verbindlichkeit und Glaubwürdigkeit.

Erstkontakt – Rahmenvereinbarungen

Der eigentliche Erstkontakt, der Beginn der Zusammenarbeit, dient nochmal zur genaueren Klärung der Modalitäten und der Art und Weise der Zusammenarbeit, geklärt werden gegenseitige Erwartungen, Rollen und Regeln.

Alles, was der Klient oder Sie noch an offenen Fragen haben, ist zu klären, von der Vertraulichkeit über die Storno-Regelung bei Absage eines Termins, die gegenseitige Anrede bis hin zur Sitzanordnung.

Leitfragen zu den Phasen einer Coaching-Sitzung: **Kontaktaufnahme**

Fragen an mich selbst als Coach	**Worum es geht**	**Fragen an den Klienten**
• Wie geht der Klient in Kontakt? • Wie gehe ich auf ihn zu? • Wie klar ist das Anliegen? • Was ist das eigentliche Thema? • Ist es geeignet für Coaching? • Was sind meine ersten Hypothesen? • Was macht mich neugierig? • Was bedeutet das Thema des Klienten für mich? • Wieso wählt dieser Klient gerade mich? • Was ist das primäre Anliegen des Klienten?	• beiderseitige erste Orientierung • Annäherung an das Klientensystem • Kontext und Vorgeschichte kennenlernen • Auslöser und Dringlichkeit klären • Transparenz schaffen bei Dreiecksverhältnissen oder verdeckten Aufträgen • Motivation des Klienten einschätzen • den Klienten da abholen, wo er ist • Coaching-Kontext erklären • sich beschnuppern und für gute Atmosphäre sorgen	• Wer ist der Auftraggeber? • Was hat dazu geführt, ausgerechnet ein Coaching zu wählen? • Wer hat die Initiative ergriffen? • Wer hat das Coaching-Ziel definiert? • Welche Informationen oder Erfahrungen gibt es schon über Coaching? • Was wurde bisher schon versucht? • Wieso haben Sie mich als Coach ausgewählt? • Welche Fragen haben Sie an mich?

Sorgen Sie für ein Höchstmaß an Klarheit, und schaffen Sie so die Grundlage für eine gute Arbeitsatmosphäre.

Praxistipp

Sitzen Sie auf frei stehenden Stühlen, die etwa in einem 90°- bis 120°-Winkel zueinander stehen.
Ein Schreibtisch würde wie eine Barriere wirken und Ihnen zudem die Sicht auf die Körpersprache nehmen. Frontal gegenüber (180°-Winkel) zu sitzen, ist auf Dauer anstrengend und „fesselt" den Blick des Klienten zu sehr. Eine winklige/schräge Sitzposition zueinander ermöglicht Ihnen hingegen den zugewandten, direkten Blick für intensiven Kontakt, erlaubt aber auch, dass beide mal vor sich hinblicken, „träumen" oder gemeinsam in die gleiche Richtung, z. B. auf das Problem oder Ziel des Klienten, schauen.

Es gelten einige unverzichtbare Basis-Regeln:

- Freiwilligkeit der Inanspruchnahme durch den Klienten: Niemand erfährt etwas über die Durchführung oder Inanspruchnahme eines Coachings ohne den Willen des Klienten.
- Vertraulichkeit (nach außen): Niemand erfährt Inhalte des Coachings ohne ausdrücklichen, evtl. schriftlich fixierten Wunsch des Klienten.
- Transparenz (nach innen):
  - über die Zieldefinition,
  - über Prozess und Methoden,
  - kontinuierlich klares Feedback, offene Kommunikation über das Erleben der Zusammenarbeit.
- Eigenverantwortung:
  - Klient und Coach sorgen für ihre Bedürfnisse, machen Angebote, definieren aber auch Grenzen.
  - Ein Stopp des Klienten zu einem Thema oder einer Übung findet jederzeit Respekt.

Die Klarheit, die hier hergestellt wird, entscheidet bereits wesentlich über die Coaching-Beziehung. Hier ist eine Art fürsorgliche Strenge angesagt, die dem Klienten Verbindlichkeit und Sicherheit vermittelt.
Wenn Sie den Klienten beginnen lassen, zu formulieren, welche Regeln ihm für die Zusammenarbeit wichtig sind, erhalten Sie schon während dieses Vorgangs des Vereinbarens von Regeln viele interessante Informationen über ihn und können Hypothesen bilden, wie er außerhalb des Coaching-Settings wohl seine Position und seine Grenzen vertritt.

Fordern Sie (vor allem als Führungskraft-Coach) Ihren Klienten ruhig ausdrücklich auf, eigenverantwortlich und jederzeit zu signalisieren, wenn ihm etwas wichtig oder unangenehm ist, z. B. wenn er mehr Transparenz über das Vorgehen haben möchte, ihm etwas zu nahe geht, für ihn nicht zum Thema gehört oder er andere Wünsche an die Art und Weise der Zusammenarbeit hat.
Nicht selten erwarten etwas zurückhaltendere Klienten, dass ihnen der Coach so etwas von den Augen abliest. Lassen Sie ihre Klienten nur dann in diesem Glauben, wenn Sie das „Von-den-Augen-Ablesen" wirklich draufhaben.

Bis das bei Ihnen so weit ist, sollten Sie die Klienten dabei unterstützen, ihre Selbstwahrnehmung zu trainieren und ihre Bedürfnisse zu artikulieren, aktiv Feedback einzuholen und anzubieten. Auch dafür soll Ihre Beziehung ein Hilfe-zur-Selbsthilfe-Übungsfeld sein.
Erfahrungsgemäß dauert das bei vielen Klienten eine Weile, bis sie von dieser Einladung, selbst für sich zu sorgen, verantwortlich Gebrauch machen.

> Sie sind als Vorbild gefordert, Störungen, Irritationen und Unklarheiten zu registrieren und anzusprechen, wenn Sie sie als relevant für die Arbeit am Thema oder für Ihre Beziehung zwischen Coach und Klient betrachten.

Vergewissern Sie sich (und den Klienten) immer wieder mal, dass Sie im Verständnis von Rahmen und Regeln noch übereinstimmen. Auch das ist eine Führungsaufgabe.
Aus diesem Leading, also der Definition und Vereinbarung verbindlicher Rahmenbedingungen, kann sich dann auf der Kontaktebene eine stabile Grundlage für die vertrauensvolle Zusammenarbeit und Begleitung, das Pacing, entwickeln.

Ziel und Auftragsklärung: Vereinbarungen über das inhaltliche Ziel und den Beitrag des Coaches

Nach den wichtigen formalen Belangen geht es also erst jetzt um eine genauere inhaltliche Definition des Ziels.
Einer der häufigsten Fehler im Coaching ist das „Rumstochern" in Problemen und Lösungsansätzen und diffuses „Draufloscoachen" im unbekannten Dschungel verschiedenster Kontexte des Klienten. Das passiert vor allem unsicheren Coaches, die meinen, dem Klienten so schnell wie möglich (irgend-)etwas Gutes (an-)tun zu müssen.

> Ohne ein konkretes, festgelegtes Ziel werden Sie im weiteren Gespräch viele „Ja, aber" hören, keine Zugkraft im Prozess entwickeln und end- und sinnlose Schleifen drehen.

Wie in einem Dschungel kann man einer beeindruckenden Vielfalt von Farben, Formen, Geräuschen, Gerüchen, Spuren (und eventuell auch geradezu offensichtlichen Coaching-Themen) begegnen. Aber ohne zu wissen, an welchen der Klient arbeiten will und an welchen nicht, wird daraus wenig mehr als ein „Gut, dass wir darüber geredet haben" resultieren.

Saubere Zielbestimmung, bevor man richtig intensiv in die Situationsklärung geht, ist für die Orientierung des Klienten und des Coaches extrem wichtig. Wir beginnen erst mal im wahrnehmbaren Bereich von Verhaltensweisen *(Was genau möchten Sie stattdessen in solchen Situationen tun?)* und

Emotionen *(Wie wird sich diese Veränderung gefühlsmäßig bemerkbar machen?).*

Wenn Ihr Klient sich als Ziel setzt: *Ich möchte im Meeting nicht mehr unsicher wirken,* dann hat sein Unbewusstes einen „Nicht"-Auftrag (bzw. gar keinen oder höchstens ein „Verbot") erteilt und weiß noch nicht, wie er stattdessen wirken will - dafür gäbe es ja auch unzählige Varianten (z. B. ruhig, dominant, kreativ etc.). Das ist so, als würde er, in der Bäckerei nach seinem Wunsch gefragt, der Verkäuferin nur antworten: *Ich möchte kein Weißbrot.*

Ungünstigerweise ist es sogar noch so, dass unser Unbewusstes diese sprachliche Verneinung gar nicht registriert. Man kann sich diesen obigen Satz also getrost ohne dieses „nicht mehr" vorstellen.
Selbst wenn Sie sich den ganzen Tag innerlich vorsagen: *Ich möchte nicht mehr an meine Unsicherheit denken,* beschäftigen Sie sich substanziell doch mit nichts anderem, also auch keiner Lösung. Unser Unbewusstes ist in dieser Hinsicht eher kindlich strukturiert.

Was glauben Sie, mit welcher Ansage ein Kind eher sitzen bleibt?

- „Ich möchte, dass du nicht herumläufst!"
- „Ich möchte, dass du noch sitzen bleibst!"

Als Lehrcoach erlebe ich hier bei meinen Seminarteilnehmern durch alle Lernphasen hindurch, oft bis zum Ende der Weiterbildung, den größten Übungsbedarf.
Die Klarheit, wohin es konkret gehen soll, worauf die Fragen des Coaches abzielen und welche Methoden bzw. Dienstleistungen dafür eingesetzt werden, ist die unverzichtbare zweite Säule (neben den „Regeln") für die bewusste und unbewusste Sicherheit des Klienten.

Fazit: Das Ziel, *Das Problem soll dann weg sein,* ist kein Ziel, solange kein klarer Entwurf entwickelt wird, wie die Situation bzw. der Kontext stattdessen konkret aussehen soll, wenn „es“ weg ist.
Falls das Problem eine unbewusste, wichtige Funktion hat, wird der Klient sowieso (auch unbewussten) Widerstand dagegen leisten, es einfach „herzugeben“, falls diese Funktion dann nicht auch anderweitig (z. B. durch andere adäquate Verhaltensweisen) gewährleistet ist.

> Auch aus diesem Grund soll der Klient selbst ein Arbeits- und Ergebnisziel definieren, dazu evaluierbare oder wahrnehmbare Merkmale beschreiben und es mit Coach-Hilfe so konkretisieren, dass seine Bedürfnisse darin maximal berücksichtigt sind.

Vor allem in der ersten Sitzung müssen Sie unter Umständen einiges an Zeit – lieber zu viel als zu wenig – investieren, um dieses gemeinsame Verständnis zu haben: *Auf dieses Ziel arbeiten wir hin.*
Obwohl das alles formal noch zur Vorbereitung gehört, beginnt an der Schwelle von der Vorbereitung zur Situationsanalyse schon ein sehr wichtiger Prozess, nämlich die äußere und innere Ausrichtung und Mobilisierung in Richtung Realisierung des persönlichen Ziels, der Klient begibt sich in den „Yes-State“. Man könnte auch sagen: Es entsteht eine erste realistische und attraktive, sich selbst erfüllbare Prophezeiung mit Umsetzungsenergie.

Zielformulierung

Zur Formulierung von Zielen ist das SMART-Prinzip einfach, klar und sehr bewährt. Ein Ziel muss:

- **S**pezifisch (konkret) sein: Das Ziel selbst und auch das Vorgehen des Klienten sind klar definiert.
- **M**essbar sein: Sichtbare, hörbare, greifbare Merkmale für den Zustand, der erreicht werden soll, sind beschrieben, die Zielerreichung ist überprüfbar.

- **A**ktiv beeinflussbar sein: Der Klient ist imstande, das Ziel mit den ihm zur Verfügung stehenden (bzw. mit während des Coachings zu entwickelnden) Fähigkeiten und durch eigenes aktives Handeln zu erreichen.
- **R**ealistisch sein: Die Zielsetzung passt zu den gegebenen Voraussetzungen und zu erwartenden Entwicklungen, ist weder über- noch unterfordernd.
- **T**erminiert sein: Der anvisierte oder gesetzte Endpunkt (evtl. auch Zwischenziele) gewährleistet die Evaluierbarkeit des Prozesses und sorgt für Energie.

Praxistipp

Mir selbst und vielen meiner Klienten hilft es, das Ziel oder die Ziele schriftlich auf kurze, knackige Sätze zu verdichten, aufzuschreiben und laut vorzulesen, bevor es „richtig" losgeht.

Schon in dieser Phase der Zusammenarbeit sollten Sie den Klienten sehr darin unterstützen, neben gedanklicher und emotionaler Reflexion insbesondere auch sein intuitives Empfinden auf der Körperebene (gefühltes Wissen) achtsam zu registrieren und für die Entwicklung vernünftiger und intuitiver Lösungen zu nutzen.

Fragen Sie ruhig schon zur Konkretisierung der Zielbeschreibung nach. Beispielsweise:

- *Welchen Unterschied spüren Sie in Ihrer Körperwahrnehmung zur Ausgangssituation?*
- *Fühlt sich die Situation aus dieser Perspektive leichter oder schwerer an?*
- *Verändert sich bei dieser Idee Ihr Befinden in Richtung Entspannung oder Anspannung?*
- *Was wäre die wichtigste Veränderung auf emotionaler Ebene?*

Es kann auch sinnvoll und ratsam sein, ein Tages- oder Teilziel zu formulieren:

- Falls die Arbeit am Thema sich über mehrere Sitzungen ausdehnen wird, gibt es am Ende jeder Sitzung erlebbare Vergleichsmöglichkeiten oder Veränderungen.
- Falls zur Erreichung des „Idealziels" möglicherweise die Ressourcen knapp sind (z. B. aus zeitlichen, finanziellen, emotionalen etc. Gründen).
- Falls am Ende der Stunde entschieden werden soll, ob die Zusammenarbeit fortgeführt wird.

- „Was ist Ihnen für die heutige Stunde am wichtigsten?"
- „Was müsste bei unserer heutigen Sitzung für Sie herauskommen, damit es sich für Sie gelohnt hat?"
- „Worüber genau würden Sie denn heute am Ende gern mehr Klarheit erlangen?"
- „Was wäre für heute ein guter erster Schritt auf dem Weg?"

Bei der Formulierung von Tageszielen oder Erwartungen gelten im Prinzip die gleichen Kriterien wie für das „Große-und-Ganze-Ziel". Diese Teilziele müssen jedoch nicht unbedingt mit der gleichen Detailliertheit und Verbindlichkeit ausgearbeitet werden.

Für die thematische Arbeit ist dieses Ausgangsziel und/oder Tagesziel Ihr roter Faden im Prozess, und es bedarf einer ausdrücklichen Erwähnung, wenn Sie an dieser Zieldefinition bzw. -formulierung im weiteren Verlauf der Arbeit etwas ändern.

Es kann auch im Verlauf eines längeren Prozesses (über Wochen oder Monate hinweg) hilfreich sein, diese Anfangsformulierungen immer wieder mal herauszuholen und auf ihre Aktualität und die bereits vollzogene Entwicklung hin zu betrachten.
Es kommt oft vor, dass es bei der tieferen Analyse des Kontextes zu einem anderen Verständnis des Ziels kommt oder an-

dere relevante Anlässe gibt, das Ziel zu modifizieren, zu präzisieren, aufzugliedern etc.

Es hilft aber, Irritationen zu vermeiden, wenn Sie sich dafür nahezu formal einen neuen Auftrag geben lassen.

- „Um diesen Aspekt mehr zu fokussieren, ist es nötig, unser Ausgangsziel zu korrigieren. Wir werden also ab jetzt auch daran arbeiten, wie Sie konstruktiv Grenzen setzen können, o. k.?"
- „Ist es in Ordnung, wenn wir weniger Ihre Meeting-Performance fokussieren, sondern mehr Ihr persönliches Verhältnis zu Ihrem Vorgesetzten?"

Gute Gründe, um einen Auftrag nicht anzunehmen oder zurückzugeben

Es gibt Fälle, da ist es ratsam, einen Auftrag abzulehnen, z. B. wenn folgende Gegebenheiten vorliegen:

- Nichtakzeptanz der unverzichtbaren Basis-Regeln durch Klient oder Auftraggeber, denn diese sind nicht verhandelbar.
- Vertrauens- oder Beziehungslücke, d. h., obwohl sich keine erkennbaren Signale für Störungen zeigen, entsteht keine ausreichende Vertrautheit und Sympathie zwischen Coach und Klient.
- Verstrickung ins System, z. B., wenn man bereits mit dem Konfliktpartner eines Interessenten zusammenarbeitet.
- Zu hohe Affinität zum Thema des Klienten und zu starke eigene Betroffenheit.
- Fehlende psychotherapeutische Kompetenz, z. B. für die Behandlung von Suchterkrankungen und psychosomatischen Beschwerden.
- Es geht um ein Trainings- oder Schulungsthema, für das bereits eine standardisierte Ideallösung existiert.
- Zielkonflikt, d. h. Widerspruch zwischen Klientenziel und Auftraggeberziel.

Leitfragen zu den Phasen einer Coaching-Sitzung: **Auftragsklärung**		
Fragen an mich als Coach	**Worum es geht**	**Fragen an den Klienten**
• Was ist der Auftrag an mich? • Was sind meine nicht verhandelbaren Grenzen und Bedingungen? • Wie klar ist mein Angebot? • Wie klar/realistisch ist das angestrebte Ziel/Ergebnis? • Gibt es hinter dem Thema ein (Führungs-?)Thema, das ich übernehmen soll? • Was wäre für das Thema meine Lieblingslösung? • Was könnte für mich herausfordernd werden?	• Erwartungen aller Beteiligten (Auftraggeber, Klient, Coach) klären • Ziele des Coachings beschreiben und sich darauf verständigen • Setting (= Arbeitsrahmen, d. h. Zeitstruktur, Regeln und Verantwortlichkeiten) klären • Transparenz über die Arbeitsweise des Coaches • Abgleich von Werten und Überzeugungen • Kontrakt vereinbaren • Vertrauen ermöglichen	• Welche Regeln sind Ihnen wichtig für unsere Zusammenarbeit? • Was soll hier nicht passieren? • Was genau, also welches Ziel, möchten Sie durch das Coaching erreichen? • Woran erkennen Sie den Erfolg des Coachings? • Was wäre für die heutige Sitzung ein erster Erfolg? • Was erwarten Sie von mir? • Wie geht es Ihnen mit dem Thema heute auf einer Skala von 1 bis 10?

Im Mitarbeitercoaching gibt es weitere Gründe für eine Ablehnung:

- Zeitmangel,
- zu private, intime Themen,
- persönliche Konflikte zwischen Führungskraft bzw. Coach und Mitarbeiter bzw. Klient,
- disziplinarische Angelegenheiten.

Bevor Sie nun zum nächsten Schritt, der Situationsanalyse, übergehen, fassen Sie für den Klienten nochmals kurz zusammen, was also jetzt betreffs Ziel und Vorgehensweise der aktuelle Stand Ihrer Vereinbarungen ist (vgl. nebenstehende Tabelle).

Situationsanalyse und Themenklärung – das Thema und das Thema hinter dem Thema

So, nun haben Sie aber auch alle wichtigen Voraussetzungen geschaffen, Struktur und Ziele geklärt und sind miteinander in Kontakt gekommen. Jetzt, wirklich erst jetzt, ist es Zeit für eine ausführliche Betrachtung und Analyse der aktuellen Situation des Klienten mit allen kontextrelevanten Details.
Sie können ihn erst mal selbst erzählen lassen, bis aus seiner Sicht alles Wesentliche zur Situation gesagt ist, und dann mit all Ihren Fragen loslegen. Sie können aber auch Zwischenfragen stellen, um den roten Faden zu behalten und zu verstehen, worum es geht.

Durch das Hinterfragen von Annahmen und Bewertungen des Klienten, durch das Beleuchten seiner inneren Landkarte mit ihren Prägungen, Tabus, Glaubenssätzen, Werten, Pauschalierungen und Vorurteilen kann der Coach sein Verständnis der Situation und ihrer Bedeutung für den Klienten steigern.
Gleichzeitig kommt durch das aktive und genaue Nachfragen des Coaches ein Selbstklärungsprozess beim Klienten in

Gang, der ihm hilft, neue Deutungs- und Handlungsoptionen zu entwickeln.

> Als innere Haltung für Sie als Coach sei hier noch einmal an die Allparteilichkeit und Urteilsfreiheit erinnert.

Um tragfähige Lösungen zu entwickeln, ist eine ausführliche Untersuchung der Situation und ihrer Vorgeschichte wichtig. Die Interessenlage und die Ziele aller Beteiligten, die herrschenden offiziellen Regeln und ungeschriebenen Gesetze sind ebenso herauszuarbeiten wie die emotionale Betroffenheit des Klienten und eventuell anderer Personen. Neben den wahrnehmbaren, beschreibbaren Fakten soll ja auch zu den unbewussten Anteilen des Klienten mehr Klarheit entstehen.

Grundbedürfnisse des Menschen in sozialen Beziehungen

Die folgende Aufzählung sozialer Grundbedürfnisse gibt eine gute Übersicht über die Beziehungserwartungen, für deren Realisierung wir auf unsere Mitmenschen angewiesen sind:

- Bedürfnis nach Sicherheit: Vertrauen, Respekt, Intimität, Verbundenheit
  → Wie sorge ich dafür, für mich, für andere?

- Bedürfnis nach Grenzen: eigener Bereich, Regeln, Kompetenz, Verantwortung
  → Wie viel Klarheit und Verbindlichkeit habe ich da?

- Bedürfnis nach Bestätigung der eigenen Erfahrung: Verständnis, Normalität, kulturelle Zugehörigkeit
  → Wie teile ich mich mit, wie nehme ich Anteil?

- Bedürfnis nach Bestätigung der eigenen Einmaligkeit: Anerkennung, Besonderheit, Persönlichkeit
  → Wie angepasst bzw. wie unverwechselbar zeige ich mich?

- Bedürfnis nach Einflussnahme auf eine andere Person: Wichtigkeit, aktive Beziehungsgestaltung, Macht
  → Welche Wirkung will ich erreichen?

- Bedürfnis nach Initiierung durch eine andere Person: Herausforderung, Inspiration, Unterhaltung
  → Wie erfahre ich Anregung, Unterstützung, Impulse?

- Bedürfnis, etwas zu geben: Sinnhaftigkeit, für andere Nutzen stiften
  → Welche Werte verbinde ich mit meinem Tun?

Ähnlich wie bei physiologischen Bedürfnissen, z. B. Hunger oder Schlaf, merken wir auch hier nicht unbedingt sofort, wenn sich ein Defizit entwickelt. Meist wird uns erst nach einem gewissen Ausmaß deutlich, was uns fehlt.
Unerfüllte soziale Bedürfnisse werden uns meist nur langsam bewusst und erst durch eigene emotionale, vegetative oder soziale Reaktionen signalisiert. Sie können sich in unterschiedlichster Form zeigen, z. B. in steigender Unzufriedenheit, Unsicherheit, Reizbarkeit oder sozialem Rückzug.

Durch bewusste Reflexion unseres Empfindens oder Verhaltens lassen sich solche Signale jedoch erkennen und entschlüsseln. Dann finden sich auch Verbesserungsansätze. Dass uns solche offenen Bedürfnisse nicht permanent bewusst sind, heißt ja noch lange nicht, dass wir nicht wissen oder erkennen können, was wir brauchen.

Hinter jedem Konflikt steht ein unerfülltes Bedürfnis.

Wenn wir also im Coaching-Prozess während der Erkundung der Ausgangssituation mit schwer erklärbaren Frustrationen, Ängsten oder Widerständen konfrontiert sind, sind wir womöglich solchen eher unbewussten Phänomenen auf der Spur. Im Gespräch über diese Grundbedürfnisse lässt sich erkennen, welche dem Klienten am wichtigsten sind, was ihm aktuell oder dauerhaft am meisten fehlt und wie er dafür sorgen kann, diesen Bedürfnissen gerecht zu werden.

Natürlich kann dadurch auch deutlich werden, dass einige dieser Bedürfnisse mit der konkreten (z. B. Konflikt-)Situation unvereinbar sind.
Aber darüber Klarheit zu erlangen, bietet die Chance, sich bewusst für oder gegen Kompromisse zu entscheiden, statt weiter latent unzufrieden zu sein. Somit lässt sich die Energie zur Veränderung gezielt ausrichten, ohne wesentliche Bedürfnisse durch inadäquate Ersatzhandlungen zu kompensieren.

Übung

Was, glauben Sie, würden andere Menschen über Sie sagen, wie Sie mit Ihren Grundbedürfnissen umgehen (z. B. bewusst, gewissenhaft, nachlässig, fahrlässig, liebevoll)?
Was würden Menschen aus Ihrem beruflichen Umfeld sagen: Wie sehr werden Sie diesen Bedürfnissen im Umgang mit Ihren Kollegen und Mitarbeitern oder Kunden gerecht?

Bilden Sie Annahmen (= Hypothesen) darüber, was z. B. ein eher schwieriges und ein eher wohlgesinntes Teammitglied dazu denkt – oder Ihr Lebenspartner.
Bekommen Sie einen Eindruck, wie unterschiedlich Sie diesen Personen auf der Bedürfnisebene begegnen und welche Auswirkungen das hat?
Wenn Sie erfahren wollen, wie zutreffend Ihre Annahmen bzw. Hypothesen sind, können Sie sie diesen Personen als solche anbieten und sich von ihnen bestätigen oder korrigieren lassen.

Zum Erfassen möglicher Hintergründe und Lösungsansätze von Problemsituationen des Klienten kann Ihnen die obige Liste der Grundbedürfnisse auch gut als eine Art Checkliste dienen.

Wenn Sie sie allerdings nur mit Ihren Klienten durcharbeiten, werden diese am Ende reflektierter sein als Sie selbst, deshalb:
Fassen Sie sich zuerst einmal an die eigene Nase und testen Sie, wie klar Sie diese Fragen für sich beantworten können. Führen Sie sie sich selbst im wahrsten Sinne zu Gemüte und achten Sie genau auf Ihre Emotionen, Stimmungen, Körperreaktionen und Impulse während dieser Bestandsaufnahme.

Übung

Wie gut ist aktuell in den einzelnen Grundbedürfnis-Disziplinen für mich (als Coach) selbst gesorgt?

- Welches Grundbedürfnis bedeutet mir am meisten?
- Um welches brauche ich mich am wenigsten zu kümmern?
- Um welches muss ich am meisten kämpfen?
- Welches scheint mir am ehesten unwichtig und wieso?
- Welche sind so übererfüllt, dass es mir schon zu viel ist?
- Welches verursacht mir das größte Unwohlsein und wieso?

Besprechen Sie Fragen, bei denen Sie unsicher sind, mit einer Person Ihres Vertrauens, um über den Austausch oder ein Feedback mehr Klärung zu erlangen.
Sie können ziemlich sicher sein, dass Ihre Klienten im Zweifel genau die Themen mit ins Coaching bringen, über die Sie sich noch nicht ganz im Klaren sind. Die alte Weisheit lautet:

> Man bekommt immer die Klienten, die man gerade verdient.

Achten Sie auch darauf, nicht Ihre eigenen Themen auf die Klienten zu projizieren, um sie lieber bei denen zu bearbeiten … Es besteht nämlich immer wieder die Gelegenheit, im Coaching-Prozess durch die Themen der Klienten oder ihre Verhaltensweisen im Coaching-Kontakt ausführlich mit sich selbst konfrontiert zu werden.

Das echte aktive Zuhören

Die intensive Beziehungsqualität zwischen Coach und Klient entsteht nicht zuletzt dadurch, dass der Klient den Raum hat – vielleicht sogar zum ersten Mal überhaupt –, sich erklären zu können und zu erleben, wie sich jemand (ohne eigene Interessen am Thema) darum bemüht, ihn und seine Situation zu reflektieren und vertieft zu verstehen.
Aktives Zuhören bedeutet in diesem Zusammenhang weit mehr als das bekannte „Wiedergeben des Gesagten mit eigenen Worten". Der Coach registriert und erfasst außer dem Gesagten auch Gemeintes, Zwischentöne, Emotionen und Körpersprache des Gesprächspartners.
Auch Ihre Eindrücke und Emotionen, wenn Sie sich beim Zuhören in die Lage des Klienten versetzen (also Ihr „Mitempfundenes"), bringen Sie im Zuge des aktiven Zuhörens zur Sprache.

Aktiv zuhören im Prozess	Effekt für den Klienten
Interesse zeigen, Blickkontakt	Fühlt sich akzeptiert und wertgeschätzt
Ausreden lassen	Mehr Informationen und Erkenntnisse
Verständnis signalisieren	Vertrauen entwickeln
Anteilnahme zeigen	Nähe zulassen
Nachfragen	Selbstwahrnehmung
Zusammenfassen des Gehörten	Sicherheit
Emotionen ansprechen	Kontakt ermöglichen

Wirkungen des aktiven Zuhörens

In der jetzigen Arbeitsphase, der Situationsanalyse, ist dieses aktive Zuhören eine Art des Mitgehens (Pacings), das Sie dem Klient anbieten, um sich in seiner Klärungsarbeit orientieren zu können und gleichzeitig zu wissen, dass Sie noch auf der Höhe des Geschehens sind.

Praxistipp

Als Orientierung für Sie als Coach, um das Terrain zu erkunden, können Sie das Modell der Klärungsebenen verwenden. So finden Sie heraus, ob in der Situation des Klienten auf der Inhalts-, der Regel- oder der Beziehungsebene bereits Klarheit oder noch Klärungs- und Handlungsbedarf besteht.

Die fünf Grundemotionen und ihre Wahrnehmung

Es gibt verschiedene Auffassungen, welche Emotionen wir als Menschen schon empfinden können, wenn wir geboren werden, und welche wir später erst lernen oder anerzogen bekommen. Für unser Ziel, eine rational und emotional überzeugende Lösung zu entwickeln und dabei die Selbstwahrnehmung des Klienten zu schärfen, reicht es, mit den fünf Grundemotionen Freude, Angst, Ärger, Trauer, Liebe zu arbeiten. Diese Emotionen treten je nach Auslöser und Bedeutung der Situation natürlich in unterschiedlicher Intensität bzw. Abstufung auf.

Geringere ←		Intensität		→ Höhere
Vergnügen	Spaß	**Freude**	Fröhlichkeit	Euphorie
Unsicherheit	Skepsis	**Angst**	Misstrauen	Panik
Unzufriedenheit	Ungeduld	**Ärger**	Zorn	Hass
Bedauern	Enttäuschung	**Trauer**	Melancholie	Depression
Freundlichkeit	Sympathie	**Liebe**	Vertrauen	Hingabe

Die Grundemotionen in fünf verschiedenen Intensitätsstufen

Viele Menschen haben auch für die feineren Töne eine geübte Wahrnehmung und Kommunikation, für andere ist es eher ungewohnt, sich emotional zu spüren und zu artikulieren. (Es ist gut möglich, dass für so jemanden entlang des Wahrnehmungsbogens die erste spürbare Qualität bereits der Handlungsimpuls ist.) Für solche Klienten ist oft ihr Körperempfinden ein guter Zugang zu ihren Gefühlen.

Körperwahrnehmung

Für jede dieser fünf Grundemotionen haben wir Menschen eine Art körperliche Entsprechung, eine individuell ganz unterschiedliche Resonanz. Dafür gibt es viele beispielhafte Redewendungen, von der „Angst im Nacken" über den „runtergeschluckten Ärger" zur „Freude im Herzen" etc.

Übung

Schreiben Sie die fünf Grundgefühle dick auf eine Moderationskarte oder ein Blatt und legen Sie diese fünf im Kreis so auf dem Boden aus, dass Sie außen drumherumgehen können.

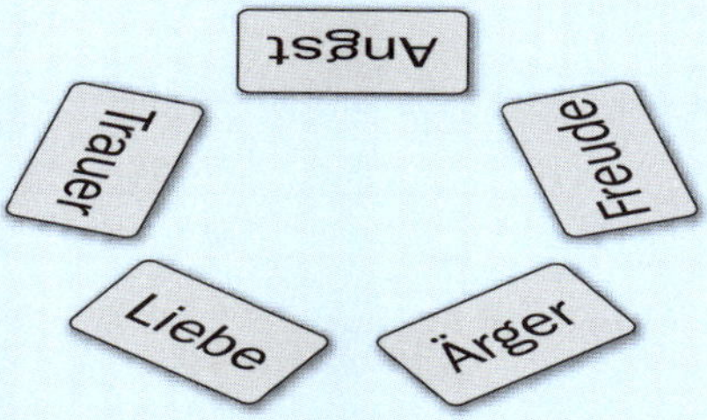

Nun sollen Sie, ähnlich wie Mönche bei einem meditativen Wandelgang im Klosterhof, sich mit Ihrer Achtsamkeit nach innen richten, sich so gut wie möglich entspannen und die Karten mit den Gefühlen auf sich wirken lassen, während Sie sehr langsam von Karte zu Karte wandeln.

Stellen Sie sich in beliebiger Reihenfolge ein paar Momente vor jede dieser Karten hin und lassen Sie (möglichst ohne Bewertung oder Beurteilung) Ihre Empfindungen, Erinnerungen, Assoziationen kommen. Bleiben Sie sehr fein in Ihrer Wahrnehmung. Dann stellen Sie sich zu jedem der fünf Gefühle folgende Fragen:

- Wann habe ich dieses Gefühl zuletzt am intensivsten erlebt?
- Wodurch wurde es ausgelöst?
- Wo macht es sich jetzt, während der Erinnerung an dieses Erlebnis, körperlich bemerkbar?
- Wie lässt sich dieses Körperempfinden beschreiben oder charakterisieren?
- Was sind die ersten Anzeichen?
- Wie fühlt es sich an, wenn es mehr oder wenn es weniger wird?
- Wie gehe ich mit diesem Gefühl normalerweise um – lehne ich es ab, akzeptiere ich es, überspiele ich es?
- Wie deutlich zeige ich es anderen (wenn überhaupt)?
- Wodurch merken es mir die anderen an?
- Wie gut kann ich es bei anderen akzeptieren, annehmen, wenn sie mir damit begegnen?

Gegen Ende fragen Sie sich:

- Welche dieser Gefühle spüre ich zurzeit am häufigsten und am stärksten?
- Welches am seltensten oder schon lange nicht mehr oder am schwächsten? (Falls es sich bei der Antwort auf diese Frage um eine Art Verdrängung oder Tabu handeln könnte, sollten Sie sich damit auseinandersetzen, z. B. in der Supervision. Sonst werden Sie als Coach evtl. keinen Zugang zu den Themen der Klienten finden, bei denen es um ähnliche Gefühle geht.)

Lassen Sie sich zu diesen Selbstreflexionsfragen auch ein Feedback vom Lernpartner geben: Was sind dessen Beobachtungen und Einschätzungen?

Intensive Gefühle im Coaching-Prozess

Bei dieser letzten Übung können Klienten - wie allerdings auch in jedem anderen Moment der Sitzung - eventuell sehr von ihren Gefühlen berührt werden. Gut möglich, dass Sie das ganze Spektrum erleben: Der Klient weint, schimpft oder tut beides gleichzeitig.
Das sind Momente, in denen es darauf ankommt, dass Sie quasi simultan Ihr aufrichtiges Mitgefühl für den Klienten mit viel Rollenklarheit koordinieren und nur „mitgehen", immer nur „mitgehen"! Sie haben auch hier nur die Verantwortung für ein stabiles Setting, in dem die Gefühle des Klienten willkommen sind.

Hier sind Sie wirklich sehr in Ihrer Professionalität gefragt, und zwar wieder an der Stelle, wo es sehr verführerisch ist, zu viel und zu direktiv zu agieren.
Unangenehme Gefühle beim Klienten verleiten so manchen Anfänger, Führer oder Retter dazu, sofort aktiv zu werden, die Verantwortung zu übernehmen und an diesen Gefühlen „rumzumanipulieren". Die beliebtesten und unprofessionellsten Fehler:

- Bemitleiden: *Sie tun mir so leid, wenn Sie weinen.*
- Bewerten: *Das ist ja schrecklich, dass Sie jetzt so leiden müssen ...*
- Trösten: *Nehmen Sie es doch nicht so schwer ...*
- Beschwichtigen: *Darüber brauchen Sie sich doch nicht aufzuregen ...*
- Trivialisieren: *Das ist ganz normal, das sollten Sie nicht so persönlich nehmen ...*
- Aufmuntern: *Sie müssen das positiv sehen ...*
- Wegschicken: *Am besten, Sie gehen mal kurz an die Luft, dann wird es schon wieder ...*
- Hellsehen: *Ich spüre da noch viel mehr unterdrückte Gefühle bei Ihnen ...*
- Rationalisieren: *Sie sollten das viel sachlicher bewerten ...*

- Dramatisieren: *Das muss ja noch furchtbarer sein, als Sie es beschreiben …*
- Banalisieren: *Ganz so schlimm ist es ja auch wieder nicht, anderen geht es viel schlechter …*

Wenn Ihnen so was öfter und zu immer wieder ähnlichen Themen oder Emotionen passiert oder wenn es Ihnen schwerfällt, sich gut abgrenzen, kann es sein, dass Sie einem eigenen blinden Fleck begegnen. Sie als professioneller Coach reflektieren so etwas in der Supervision.

Im angewandten Coaching trauen Sie dem Klienten zu, dass er selbst weiß, wie er mit seinen Gefühlen umgehen möchte und was er dafür braucht. Sie begleiten ihn einfach nur dabei. Er kann lernen, für sich und seine Authentizität zu sorgen:

> Vielleicht tut es ihm gut, von Ihnen zu hören, dass es für Sie nachvollziehbar und in Ordnung ist, wenn er sich so emotional zeigt.

Ein Angebot wie *Wenn Sie gerade etwas von mir brauchen, dann geben Sie mir ein Signal …* kann für einen Klienten hilfreich sein, für den anderen schon zu viel, weil er sich dann möglicherweise auf Sie als Coach ausrichtet, statt mit seiner Achtsamkeit bei sich selbst zu bleiben.

Der Klient entscheidet selbst, ob er sich sicher genug fühlt, um Emotionen zu zeigen, die er sich sonst nicht zu zeigen traut oder für die er sich sonst vielleicht schämt. Er testet von Beginn an mit feiner Witterung, was und wie viel von sich er Ihnen wirklich „zu-muten“ kann.
Seien Sie daher ganz sicher: Kein Klient wird Sie emotional überfordern, d. h., Sie mit Themen oder Emotionen konfrontieren, die Sie nicht halten oder aushalten können, auch wenn Ihnen das manchmal so scheinen mag. Sie müssen also keine Sorge haben, dass es in Ihrer Praxis „dramatisch“ wird.

Emotionen soll man kommen lassen, artikulieren, gehen lassen.

Es gehört zu jedem Coaching-Prozess dazu, dass der Klient seine Selbstwahrnehmung für diese Gefühle sensibilisiert und sich mehr und mehr auf den sozialen Lernstufen „bewusste Inkompetenz“ und „bewusste Kompetenz“ bewegen kann.
Damit kann er beispielsweise Auslöser für Stress schon auf der Kontextebene identifizieren, sich auch in Problemsituationen klarer artikulieren und rational-emotional gemischte Sachverhalte für sich und andere besser verständlich machen.

Im Coaching dient diese Sensibilisierung aber auch dazu, die feinen Veränderungen und Unterschiede zwischen Problem- und Lösungssituation zu registrieren und spürbare lösende Qualitäten für die Gestaltung der nächsten Schritte zu nutzen.
Beim Durchspielen von Szenarien kann neben diesen fünf emotionalen Aspekten auch die Veränderung von Anspannung und Entspannung, Schwere und Leichtigkeit gute Hinweise auf die richtige individuelle und systemadäquate Entwicklung geben.

Dimensionen der Situationsanalyse

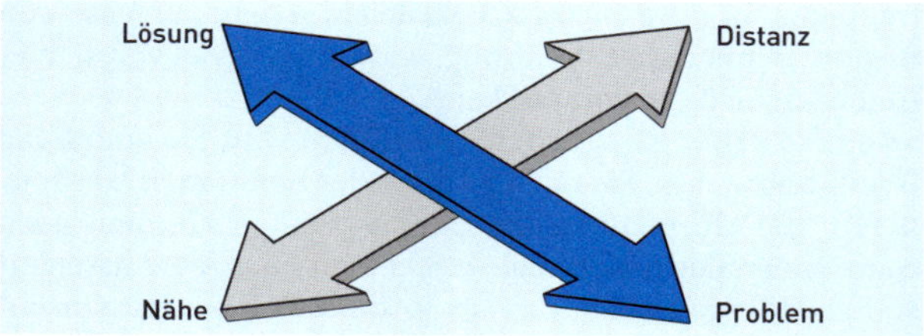

Perspektiven für den Blick auf die Situation

Der Coaching-Prozess gewinnt an Lebendigkeit und Tiefe, wenn sich Klient und Coach mit ihrer Aufmerksamkeit im Spektrum von Problembeschreibung und Lösungsbildern, emotionalen und rationalen Aspekten, Nähe und Distanz hin und her bewegen und dabei immer wieder verschiedene Positionen einnehmen:

Involviert – Assoziiert –	**Distanziert** – Dissoziiert –
Nachempfinden/-erleben der Problem- bzw. Lösungssituation	Von der Meta-Ebene oder aus anderen Augen betrachten, Kontext wechseln
Gefühle wahrnehmen, ansprechen	Rationale Aspekte hervorheben
Eigene innere Betroffenheit spüren	Als Teil des Ganzen verstehen

Involviertes versus distanziertes Verhalten

Der Coach leitet diesen Prozess im Pacing (Mitgehen) und im Leading (Führen):

Pacing Mitgehen	**Leading** Führen
Zuhören, spiegeln, nachfragen	Perspektiv-/Kontextwechsel anleiten
Ideen sammeln	Konkretisieren
Wahrnehmung unterstützen	Entscheidungen ansteuern

Pacing und Leading

Die Situationsanalyse gilt als abgeschlossen, wenn der Klient das Gefühl hat, sich ausgedrückt zu haben, und Ihnen als Coach signalisiert, dass er sich verstanden fühlt.

Leitfragen zu den Phasen einer Coaching-Sitzung: **Situationsanalyse**

Fragen an mich als Coach	Worum es geht	Fragen an den Klienten
• Was ist das Thema hinter dem Thema? • Welche Annahmen und Hypothesen entwickle ich? • Welche Mittel setze ich zur Klärung/Visualisierung ein? • Welche meiner eigenen Themen werden tangiert? • Welche Projektionen finden eventuell statt? • Welche Rollen entwickeln sich zwischen uns? • Wie gehe ich mit meiner/seiner Verantwortung um? • Wie setze ich Feedback ein? • Was braucht der Klient?	• innere Landkarte des Klienten beleuchten • Klärungsebenen der Situation betrachten: Wo fehlt oder stört etwas? • Themen und Zusammenhänge analysieren • Emotionale Betroffenheit und unerfüllte Bedürfnisse anschauen • Ungeschriebene Gesetze im System erkennen • Problemerhaltende und -lösende Faktoren identifizieren • Perspektivenwechsel • gemeinsames Verständnis erlangen	• Was genau ist das Problem und wer sagt das? • Wie geht es Ihnen damit? • Wann tritt das Problem auf, wann nicht? • Wer ist noch beteiligt oder betroffen und wie? • Was müsste passieren? • Was haben Sie schon versucht? • Was könnten Sie tun, um es zu verschlimmern? • Was hat Sie gehindert, etwas zu verändern? • Was wäre ein erster Schritt? • Fühlen Sie sich ausreichend verstanden?

Themenbearbeitung und Lösungsfindung

Probleme sind Lösungen, die gerade nicht passen.

Das Finden von Lösungen und Möglichkeiten für Wachstum des Einzelnen oder des Systems liegt oft im Erkennen der „Funktion des Problems" und der Ressourcen, die im Problemverhalten lauern und aktiviert werden können.

Alles, was wir unternehmen, dient letztlich in mindestens einem Kontext auf eine bestimmte, aber manchmal schwer erkennbare Weise einer an sich positiven Absicht.

Die ausgerechnet in krisenhaften Zeiten steigende fachliche und/oder soziale Fehlerquote des Sündenbocks im Team mildert die Angst der anderen, ihre Fehler oder Konflikte könnten offensichtlich werden. Er sorgt unbewusst dafür, dass die anderen sich wenigstens darin sofort einig sind, dass er der Inkompetenteste ist.
Er zieht so viel Sorge oder Ärger auf sich, dass destabilisierende, gegenseitige Konfliktenergie und Aggression der anderen sich an ihm bündeln und entladen.
Die Sündenbock- oder Opferrolle hat in dieser desperadoartig anmutenden Erscheinung in extremen Zeiten etwas Stabilisierendes für das System.

Ein Sündenbock ist aber immer ein Alarmsignal für tabuisierte Angst (z. B. bei Vorahnungen über Veränderung) und fehlende Konfliktlösungskompetenz.
Als Coach ist es dennoch immer wichtig, darauf zu vertrauen, dass alle Fähigkeiten für eine konstruktive Lösung im Klienten bzw. im System da sind. Die gemeinsame Arbeit im Coaching ist es, diese zu entdecken, zu finden oder zu erfinden.

In vielen Coachings geht es immer wieder darum, Dinge bewusst und besprechbar zu machen. Im obigen Beispiel arbeitete der Klient im Coaching an der Klärung seines eigenen Beitrags zu dieser Entwicklung und seiner Möglichkeiten, seine informelle Rolle im Team adäquat zu definieren und zu gestalten. Und er setzte sich mit den Themen Zugehörigkeit, Verantwortung und Grenzen auseinander, um für sich Orientierungspunkte zu entwickeln und auch für klarere äußere Verhältnisse zu sorgen.

Mit Lösungsideen arbeiten und spielen

Eine Grundidee im systemischen Arbeiten ist die Lösungsorientierung. Im Laufe der Situationsanalyse haben Sie nun womöglich schon sämtliche der weiter oben vorgestellten Erkenntnis- und Reflexionsmodelle angewandt und alle Typen von Fragen gestellt. Dann ist es sehr wahrscheinlich, dass der Klient und Sie das ursprüngliche, während der Auftragsklärung formulierte Ziel vielleicht an der einen oder anderen Stelle modifiziert, ergänzt oder sogar durch ein anderes ersetzt haben (professionellerweise in Abstimmung mit dem Klienten und und mit seiner Zustimmung).
Je klarer der Klient und Sie herausgearbeitet haben, welche zu Anfang oft noch nicht bewussten Notwendigkeiten und Bedürfnisse zu berücksichtigen sind, desto lösungsorientierter können Sie Strategien entwerfen, dann damit herumexperimentieren und sie konkretisieren.

Leitlinien für Entwürfe von ganzheitlichen, systemisch fundierten Lösungsideen und -strategien sind:

- anerkennen, was ist,
- einbeziehen von Ausgeschlossenem,
- trennen von Vermengtem,
- voraussetzen einer Lösung.

Lösende Qualitäten

Die lösenden Qualitäten, die in Ideen und Handlungsansätzen liegen, können vom Klienten selbst körperlich und geistig erspürt werden. Und zwar in allen Nuancen seiner

bewussten und unbewussten Wahrnehmung: in einigen Facetten seines Ausdrucks, aber auch von Ihnen als Gegenüber und Coach, z. B. an der Mimik, der Körperhaltung bzw. Körperspannung, der Atmung, der Stimme.
Deshalb ist es immer wieder wichtig, die Wahrnehmung des Klienten auf seine Empfindungen und ihre wahrnehmbaren Veränderungen zu richten.
Bei welchen Vorstellungen über Lösungen oder Entwicklungen stellen sich Gefühle von körperlich-geistiger Erleichterung ein?

Unterschiede sind für uns meistens deutlicher wahrnehmbar als Einzelqualitäten. Oder, wie es Steve de Shazer sagte:

> *Wir können verstehen, was „besser" heißt, ohne zu wissen, was „gut" heißt.*

Unser Temperatursinn z. B. kann zwar die absolute Temperatur nur schwer einschätzen, aber selbst minimale Unterschiede eindeutig erkennen.

Sinnlich-emotionale Qualitäten

Die meiste Energie entwickelt der Klient, wenn Sie ihn unterstützen, sich so intensiv wie möglich, mit allen Sinnen, Emotionen, Gedanken in die Lösungssituation hineinzuversetzen. Je deutlicher die sinnliche und emotionale Qualität der idealen Lösungssituation erlebbar wird, desto spürbarer und differenzierbarer ist dann auch eine Veränderung hin zu dieser Qualität.

Das Ziel ist der Weg

Die Frage, wie man dann „operativ" dorthin zu dieser Lösung kommt, wird zum Ende dieser Phase hin näher betrachtet oder erst in der Transfer- und Abschlussphase. Bis dahin darf der Klient zum Finden seiner Lösungsmöglichkeiten seiner Kreativität freien Lauf lassen, möglichst viele seiner Ideen sammeln und vergleichen, um dann seine Vorgehensweise für die passendste Variante zu modellieren. – Warum „seine" immer fettgedruckt ist? Retter-Coaches springen auch in der Phase der Lösungsfindung gern noch an und wollen ihre Ideen und Lösungen realisieren. Ihre Aufgabe ist es jedoch „nur", für den Klienten dafür geeignete Übungsplattformen anzubieten (was ja auch ein sehr kreativer Prozess sein kann).

Eine wichtige Aufgabe spätestens zum Ende dieser Phase ist es auch, miteinander die Vor- und Nachteile einzelner Varianten abzuwägen sowie Risiken oder Zielkonflikte (z. B. Wertekonflikte) zu identifizieren, um sie bei der Verdichtung und Vorbereitung des konkreten Vorgehens zu berücksichtigen.

In manchen Fällen kann es sogar angebracht sein, sich mit den Folgen eines Scheiterns zu befassen, z. B. in Situationen, die so etwas wie einen „Letzter-Versuch-Charakter" aufweisen und nach einer Art „Plan B" verlangen.

> Es kann ja manchmal auch das Austesten und Erkennen von Grenzen ein adäquates Ergebnis eines Coachings sein.

Für die jetzige Phase können Sie gut die bislang vorgestellten Ansätze und Modelle zur Situationsanalyse weiter verwenden – entweder nach ihrem Abschluss in einem klar definierten nächsten Schritt oder je nach Prozess auch immer wieder transparent ineinander übergehend, zwischen Ausprobieren einzelner Elemente oder mehrerer Varianten, Reflektieren und Weiterentwickeln, z. B. in Rollenspielen oder anderen Visualisierungsansätzen.

Sie sollten auch darauf achten, ob die Methode, mit der Sie an der Klärung der Situation gearbeitet haben, sich für die Lösungsfindung ebenso eignet oder ob Sie lieber noch einmal wechseln sollten,

Leitfragen zu den Phasen einer Coaching-Sitzung: **Lösungsfindung**

Fragen an mich als Coach	Worum es geht	Fragen an den Klienten
• Mit welchem Ansatz, mit welcher Methode arbeite ich mit dem Klienten an der Lösung? • Welche Vorgehensweise bevorzuge ich zum Finden von Ideen, welche mein Klient? • Wie sehr beeinflusse ich die Lösung? • Was ist für mich eine passende Lösung, was für meinen Klienten? • Wie geduldig und vorurteilsfrei akzeptiere ich den Prozess und die Lösung des Klienten?	• Von der Problem- zur Lösungsorientierung • Integration aller relevanten Notwendigkeiten und Bedürfnisse in die Lösung • Selbstwahrnehmung für lösende Qualitäten • Entwerfen und Ausprobieren verschiedener Lösungsideen • Abwägen der Vor- und Nachteile möglicher Lösungen • Einbeziehen möglicher Widerstände und Risiken • Auswahl der passendsten Lösungsstrategie	• Wie sieht das Ziel (durch die Situationsanalyse) mittlerweile aus? • Woran werden Sie merken, dass Sie das Ziel erreichen bzw. sich nähern? • Woran werden es andere merken? • Wie wird sich diese Lösung auswirken? • Welche Fähigkeiten haben/brauchen Sie für die Realisierung? • Mit welchen Reaktionen müssen Sie rechnen? • Wie könnten Sie die Lösung verhindern?

- entweder vom analytischen zum kreativen Ansatz
- oder eher umgekehrt vom bildlichen Empfinden wieder zum konkreten Handlungsansatz.

- Der Klient hat sehr präzise die Situation beschrieben und klar (analytisch) erarbeitet, welcher Handlungsbedarf besteht. Emotional wirkt er aber noch wenig berührt oder überzeugt. Auf welche Art und Weise kann er sich mehr mit seinem Ziel verbinden, (kreative) Lust und Umsetzungsenergie erzeugen?
- Der Klient hat durch eine Aufstellung mit Karten (bildlich) erkannt, dass er mehr Kontakt zu und Feedback von einem Kollegen braucht.
  Welche Vorgehensweisen (konkret) sind nun für diese Kontaktgestaltung am hilfreichsten, was ist aufgrund der vorherigen Situationsklärung zu beachten und vorzubereiten?

Praxistipp

Achten Sie auf die zeitliche Struktur zum Ende der Sitzung hin: Wenn eigentlich schon langsam der Pragmatismus der Umsetzungsstrategie angesagt ist, kann es auch für Stress und Unklarheit sorgen, noch einmal eine größere analytisch vertiefende oder emotional aufladende Schleife zu drehen.

Transfer und Abschluss – sich lösen vom Lösen

Transfer und Abschluss für die einzelne Sitzung

Nun biegen Sie mit ihrem Klienten schon auf die Zielgerade ein und sowohl der Abschluss einer Sitzung wie der des Coachings als Ganzes hat seine eigenen Erfordernisse.
Für jede einzelne Sequenz wie für den Gesamtprozess ist es hilfreich, dass Sie sich als Coach und Ihrem Klienten das bevorstehende Ende bewusst machen, manche Klienten neigen dazu, kurz vor dem Ende noch etwas besonders Wichtiges

anzufangen – meist unbewusst, z. B. um ihre Angst zu bestätigen „wenn es wirklich darauf ankommt, hat keiner für mich Zeit“ oder um den Abschied noch hinauszuzögern.
So etwas wird jedoch umso weniger vorkommen, je klarer Sie Ihre strukturelle Führungsaufgabe ausfüllen. Falls Sie doch in diese Situation kommen, sei Ihnen empfohlen:

Praxistipp

Fangen Sie nicht an, die vereinbarte Zeit zu überziehen, das wird sich in der Regel nicht förderlich auf den Prozess auswirken, eher im Gegenteil: Es entsteht leicht eine informelle Regel, dass das immer so geht.

Entsteht der Anschein, man habe in der Zeit zuvor etwas sehr Bedeutsames übersehen, ist es eher ratsam, dem Klienten dafür ausdrücklich in der nächsten Stunde Zeit in Aussicht zu stellen.
Vielleicht ist es auch nötig, die jetzt anstehende Formulierung der „Hausaufgabe“ dementsprechend zu vereinfachen oder auf Beobachtungsthemen zu reduzieren.

Wenn Sie Ihre Coaching-Sitzung gut strukturiert haben, bleibt nach dem Ausprobieren und Auswählen der passendsten Lösungsstrategie noch genügend Zeit (je nach Vorarbeit mindestens 10 bis 15 Minuten), um einen praxistauglichen Transferplan zu gestalten.
Entweder war in dem erarbeiteten Lösungsentwurf schon ganz klar ersichtlich, was nun wirklich in der Praxis des Klienten zu tun ist, oder Sie kommen erst jetzt dazu, das Schritt für Schritt zu definieren.

Sie müssen zusammen mit dem Klienten dafür sorgen, dass aus dem „Worum es geht“ ein präzises „Wie es passiert“ entwickelt wird. Für komplexere Szenarien kann es sogar hilfreich sein, dieses Vorgehen noch einmal schriftlich festzuhalten, vor allem, wenn Sie eben noch intensiv mit Emotionen,

dem abstrakten Denken oder der Intuition des Klienten, also eher „künstlerisch“ gearbeitet haben. Zum Ende der Sitzung hin muss der Klient nämlich wieder so geerdet sein, dass er einen pragmatischen Ansatz zur Verfügung hat, den er nur noch zu realisieren braucht.
Natürlich sind soziale Interaktionen, um die es oft geht, in ihrem Verlauf nicht minutiös planbar, besonders die Reaktionen der anderen Beteiligten nicht. Aber für die Aktionen, die weitgehend absehbar verlaufen werden, dürfen Sie jetzt in der Transferphase wieder „handwerklich“ solide ein Konzept erstellen. Mindestens der erste konkrete Schritt sollte in aller Deutlichkeit beschrieben sein.

Beim Entwickeln und Abwägen verschiedener Lösungsideen haben Sie ja idealerweise auch schon mögliche Widerstände, Risiken und vielleicht sogar Misserfolgsaussichten erkannt und bedacht: Auch dafür können Sie, soweit möglich, im Transferplan zumindest äußere Erkennungsmerkmale oder spürbare Alarmsignale für die Selbstwahrnehmung des Klienten formulieren.
Eventuell kann für solche (Bad- oder Worst-Case-)Szenarien auch Unterstützung vor Ort (also außerhalb des Coaching-Settings) verfügbar sein. Wenn Sie das nicht schon beim Erarbeiten der Lösungsstrategie beachtet haben, gilt es auch hierfür jetzt Möglichkeiten zu finden oder zu organisieren.

Praxistipp

Seien Sie eher zurückhaltend mit Angeboten wie „Sie können mich jederzeit anrufen“. Das kann für die Eigenverantwortlichkeit des Klienten eher hinderlich sein.

Der Zeitraum zwischen der Coaching-Sitzung und der praktischen Umsetzung der Ergebnisse sollte nicht allzu lang sein. Das ist als Zeitangabe recht vage, denn einerseits sollten sich die ersten überprüfbaren Wirkungen des neuen Verhaltens bald zeigen, damit die Energie und Motivation aus der Coaching-Arbeit noch möglichst hoch sind und intensiv weiterwirken. Andererseits gibt es oft die Notwendigkeit, konkrete Handlungsweisen erst nach bestimmten Beobachtungen zu realisieren, die ihre Zeit brauchen.

Manches in seinem Umfeld wird der Klient nach der Sitzung mit anderen Augen betrachten als vorher, und so kann es gut möglich sein, dass sich aus dieser veränderten Sicht auf Personen oder Themen automatisch neue Reaktionsweisen entwickeln.

Ein Klient, der seinen Kollegen als zunehmend misstrauisch ihm gegenüber erlebte, hatte im Coaching erkannt, wie seine innere Haltung und seine Kommunikation möglicherweise dazu beigetragen hatten. Um diese Einschätzung zu überprüfen, bekam er die Aufgabe, sensibel darauf zu achten, worauf der Kollege misstrauisch reagierte. Falls sich die Annahmen bestätigen würden, wollte er mit ihm ein klärendes, im Coaching eingeübtes Gespräch führen. Wohl durch die veränderte innere Haltung und vermehrte Empathie für den Kollegen reagierte dieser mit zunehmender Offenheit, ohne dass der Klient das klärende Gespräch mit ihm führen musste.

Je klarer die Umsetzungsschritte beschrieben sind, desto besser lässt sich in der nächsten Sitzung auswerten, was funktioniert hat, was bewusster geworden ist und wodurch welche Veränderungen erreicht oder verhindert wurden.

Zu guter Letzt können Sie neben den erarbeiteten inhaltlichen Ergebnissen der Sitzung noch einmal eine Rückmeldung einholen darüber, wie der Klient die Art und Weise Ihrer Zusammenarbeit empfunden hat, über Ihre methodische Vorgehensweise und natürlich auch über den persönlichen Kontakt zwischen Ihnen beiden ein Feedback austauschen, z. B. auch einen Dank für das Vertrauen des Klienten.

Leitfragen zu den Phasen einer Coaching-Sitzung: **Transfer**

Fragen an mich als Coach	Worum es geht	Fragen an den Klienten
• Wie verbindlich bin ich selbst bei der Umsetzung meiner Entscheidungen? • Wie kann ich den Klienten unterstützen, praktikable Ansätze zu entwickeln? • Was sind dabei die Stärken meines Klienten? • Wie schätze ich seine Umsetzungsenergie ein? • Was traue ich ihm zu und was nicht, und wie bringe ich das zum Ausdruck? • Welche Art Unterstützung biete ich während der Umsetzungsphase an?	• konkrete Vorgehensweise definieren • für möglichst hohe Sicherheit sorgen • Merkmale für Erfolg und Misserfolg beschreiben • verfügbare Selbstwahrnehmung • Möglichkeiten für Feedback und Unterstützung sondieren und organisieren • Möglichst intensives inneres Erleben der praktischen Lösungssituation	• Was genau werden Sie tun? • Was genau ist dabei Ihr Ziel, Ihre Absicht? • Welche Fähigkeiten setzen Sie dafür ein? • Woran werden Sie merken, dass sich etwas verändert? • Welche Unterstützung können Sie bekommen? • Was wird das Schwierigste, was das Leichteste sein? • Wie könnten Sie am effektivsten scheitern? • Was verändert sich alles, wenn Sie am Ziel sind? • Wie geht es Ihnen jetzt auf einer Skala von 1 bis 10?

Abschluss und Abschied nach dem Coaching-Prozess

Auch Abschied gehört dazu: Wenn die vereinbarten Ziele erreicht sind und der Auftrag erfüllt ist, lösen sich Klient und Coach wieder. *Wie machen Sie denn das mit Abschieden so im Allgemeinen, wie gehen Sie damit um?* – Mit dieser Frage schaffen Sie eine gute Einstimmung für Ihre letzte gemeinsame Sitzung und Ihre Zusammenarbeit als Ganzes.
Am Ende eines längeren, intensiven Prozesses (ab sechs bis acht Einheiten) ist es durchaus sinnvoll, für den Abschluss eine ganze Stunde einzuplanen – mit ausführlicher Reflexion des Erreichten, der gemeinsamen Arbeit unterwegs und dem persönlichen Abschied.

Für den Fall, dass Sie Rituale mögen, hier noch stichwortartig eine Auswahl geeigneter Abschlussrituale:

- Coming home, eine kurze Rollenspiel-Inszenierung des „Neu-Ankommens“ (evtl. in mehreren Variationen: zu Hause, in der Firma)
- Symbol finden für das Wichtigste, was ein Klient mitnimmt, und diesem Symbol einen guten Platz geben (am Spiegel, in der Schreibtischschublade etc.)
- Symbol finden für das, wovon der Klient sich (für immer) verabschieden möchte, auf ein Blatt Papier malen, daraus ein Schiffchen falten und wegschwimmen lassen
- Abschiedsbrief schreiben an das Problem oder beteiligte Personen

Als letzte formale Geste können Sie den gemeinsamen, damals vereinbarten Kontrakt für beendet erklären. Bei Klienten, die Ihnen etwas unsicher erscheinen, dürfen Sie auch noch das Angebot machen, bei Bedarf anzurufen, um dann womöglich kurzfristig einen Termin zu vereinbaren (auch hierfür die Empfehlung: nicht am Telefon tiefer einsteigen!), oder für einen Zeitraum von einigen Monaten später einen Review-Termin schon jetzt fest einplanen.

Leitfragen zu den Phasen einer Coaching-Sitzung: **Abschluss**

Fragen an mich als Coach	**Worum es geht**	**Fragen an den Klienten**
• Was habe ich für mich aus diesem Coaching gelernt? • Womit bin ich zufrieden, womit weniger? • Was würde ich das nächste Mal anders versuchen? • Wie geht es mir mit dem anstehenden Abschied? • Wie traurig und/oder froh bin ich darüber? • Was will ich meinem Klienten noch an Dank, Anerkennung oder Feedback mitgeben?	• Reflexion der Zielerreichung • Evaluation des Prozesses mit seinen Höhepunkten und schwierigen Momenten • Rückmeldung des Klienten über Zusammenarbeit und Beziehungsebene • Ende der Zusammenarbeit würdigen	• Wie haben Sie den Prozess erlebt? • Inwieweit hat sich das Coaching für Sie gelohnt? • Was sind die wichtigsten Erkenntnisse, die Sie mitnehmen? • Wie zufrieden sind Sie, womit mehr, womit weniger? • Was war für Sie besonders hilfreich? • Was hat Sie am meisten überrascht, stolz gemacht? • Was möchten Sie mir als Coach zurückmelden?

Auf den Punkt gebracht

- Kontakt (Vertrauen, Atmosphäre) und Kontrakt (Regeln, Ziele) sind die beiden tragenden Fundamente für die Arbeit an den Themen des Klienten. Das eine kommt ohne das andere nicht zustande, daher brauchen beide eher zu viel als zu wenig Beachtung und Zeit.
- Aus der Situationsanalyse kann sich ergeben, dass die ursprünglichen Ziele und Anliegen des Klienten modifiziert oder neu definiert werden sollten, auch darüber entscheidet letztlich der Klient.
- Viele Coaching-Themen sind für die Klienten sehr emotional besetzt und das Einbeziehen dieser Emotionen in die Arbeit entscheidet womöglich über den Erfolg. Je vorbehaltloser der Coach seine eigene Emotionalität kennt und annimmt, desto sicherer fühlt sich der Klient, um sich mit seinen an der Coaching-Thematik beteiligten Gefühlen angemessenen intensiv auseinanderzusetzen.
- Das Arbeiten an der Lösung erfordert vom Coach echtes Vertrauen in die Fähigkeit des Klienten, zu erkennen und zu entscheiden, welche von mehreren Optionen für ihn die richtige darstellt.
- Konkrete Transferpläne über Handlungsansätze und die jeweilige Absicht bei der Realisierung bedeuten Sicherheit für den Klienten und Überprüfbarkeit der Wirkung.
- Sich bewusst in den jeweiligen Phasen zu bewegen, erleichtert die professionelle Strukturierung und Bestandsaufnahme sowie die Gestaltung und den Abschluss des Coachings.

4 Methoden, Konzepte und Übungen

Der Werkzeugkoffer

Techniken und Werkzeuge zur Situationsklärung und Lösungsfindung

Den weitaus größten Teil der Arbeit im Coaching-Prozess nimmt natürlich das Gespräch zwischen Ihnen und dem Klienten ein mit all seinen Möglichkeiten. Dazu gehören vor allem die wichtigsten Fragetechniken.

Visualisierung

Durch Visualisierung lässt sich die Begrenztheit des reinen Erzählens der Inhalte aufheben. Im kreativen Prozess der bildlichen Darstellung einer Situation entsteht schon sehr oft ein innerer Prozess von Neubetrachtung.

Möglichkeiten zur Visualisierung:

- Problembild – Lösungsbild:
  Auch wenn viele Klienten von sich sagen, sie könnten nicht malen, kann es für fast jedes Coaching-Thema sinnvoll sein, den Klienten einzuladen, es bildlich-abstrakt in aller künstlerischen Freiheit darzustellen. Oder nicht nur „das Thema", sondern sich selbst in all seinen unterschiedlichen Lebenskontexten und -rollen. Jedenfalls werden schon durch den Versuch des Malens die kreativen Ressourcen des Unbewussten eingeladen, sich am Prozess zu beteiligen, und sie können schon bei der Besprechung des eigentlichen Malprozesses und des Ergebnisses aktiviert werden.

- Mindmap-Darstellung:
  Mit dieser Technik lassen sich die Schwerpunkte und Einzelheiten aller wichtigen Themenaspekte bzw. aller Beteiligten und Themeninhaber darstellen. Damit lassen sich auch logische und intuitive Assoziationsketten so weit abbilden, dass in der Lösung möglichst alle erforderlichen Aspekte enthalten sind.

- Symbolisierung des Themas durch einen Gegenstand:
  Mit dieser Vorgehensweise lassen sich für den Klienten abstrakte, schwer verbalisierbare Gedanken und Gefühle aus einer Symbolsprache heraus beschreiben. Anhand der Form oder anderer Eigenschaften können innere Empfindungen des Klienten versinnbildlicht und besprochen bzw. bearbeitet werden.

Aufstellung mit Figuren oder Karten

Bei der Aufstellungsarbeit geht es im ersten Schritt immer darum, die Beziehungsdynamik der an der Situation beteiligten Interaktionspartner zu visualisieren und hinsichtlich ihrer Auswirkung für den Klienten zu untersuchen. Im Handel ist dafür ein „Systembrett“ oder „Familienbrett“ (Format ca. 60 × 60 cm) mit verschiedenen Figuren erhältlich.
Es können aber auch Moderationskarten (oder A4-Bögen) mit den Namenskürzeln und Blickrichtungen der einzelnen Personen etwas großflächiger im Raum ausgelegt werden.

> Wichtig ist, dass die unterschiedliche Nähe bzw. Distanz und Blickrichtung (Zugewandtheit bzw. Abgewandtheit) der Protagonisten zueinander deutlich wird, zudem zeigt sich ein Gesamtbild des Systems.

Oft ergeben sich schon in diesem ersten Schritt interessante, dem Klienten bis dahin nicht bewusste Erkenntnisse über die Rollenkonstellationen. Lassen Sie ihn seine Empfindungen,

Erklärungen und Bewertungen schildern, während er genau auf Entfernung und Blickrichtung achtet. Wenn Sie mit Karten arbeiten, können Sie den Klienten auch einladen, die jeweiligen Kartenpositionen im Raum einzunehmen und aus ihnen heraus, quasi als diese Person, die Situation wahrzunehmen, zu schildern und Hypothesen zu bilden über mögliche Veränderungsbestrebungen, Konflikte und Bedürfnisse.

Im nächsten Schritt lassen sich diese Hypothesen und mögliche Veränderungen der Konstellation ausprobieren und ihre Wirkung hinsichtlich Klärung oder Lösung erleben.

Diesen Ansatz können Sie auch im Fall von komplexen Entscheidungsfragen des Klienten benutzen, um die unterschiedlichen Interessenlagen, sich widerstrebende Bedürfnisse und gegenseitig blockierende Komponenten abzubilden, eventuell zu ordnen und gemäß ihrer Bedeutung in die Lösung zu integrieren.

Diese Methode ist aus der systemischen Arbeit entstanden und setzt die Kenntnis der systemischen Grundsätze voraus.

Verändern des Kontextes

Durch das Verändern des Kontextes lassen sich ebenfalls die oft redundanten Denk- und Erklärungsmuster des Klienten in einen anderen Rahmen bewegen und dadurch Ideen für andere Handlungsansätze gewinnen.

- „Stellen Sie sich vor, es ist drei Jahre später, Sie haben das Problem schon gelöst und blicken zurück. Wie genau haben Sie das damals angestellt?"
- „Wie würden Sie den Sachverhalt einem achtjährigen Kind erklären?"
- „Wie würde ein Außenstehender die Situation beurteilen?"

Veränderung der Komplexität

Auch durch das Verändern der Komplexität lassen sich neue Ideen gewinnen.

- „Was wäre das erste erkennbare kleine Detail, an dem Sie eine Veränderung der Situation bemerken würden?"
- „Was ist die Essenz in Ihrer Geschichte, auf ein Wort reduziert?"
- „Wenn Sie sich die Situation mit geschlossenen Augen vorstellen, was erscheint zuerst vor Ihrem inneren Auge?"
- „In welchem größeren (Lebens-)Zusammenhang bewegt sich die aktuelle Frage?"

Die meisten der hier vorgestellten Ansätze lassen sich sowohl im ersten Schritt zur Klärung als auch im nächsten zur Lösungsgestaltung anwenden.

Konzepte im Coaching

Neurolinguistisches Programmieren (NLP)

John Grinder und Richard Bandler entwickelten ein Konzept, durch das sie die gegenseitigen Wirkzusammenhänge zwischen Wahrnehmung und gedanklichen Reaktionsmustern („Neuro-"), der Kommunikation („Linguistik") und dem Körperempfinden sehr detailliert untersuchen und beschreiben können.
Von einigen seiner wichtigsten Repräsentanten wird NLP auch als eine Art Mischung aus Psychologie (Empfinden), Linguistik (Ausdruck) und Philosophie (Verstehen) erklärt. Sie gehen davon aus, dass man durch gezielte Arbeit an diesen Verknüpfungen von Einstellungen, Denkmustern und Sprache menschliches Verhalten verändern und Fähigkeiten erlernen („Programmieren") kann. Im Idealfall entstehen so durch neue Erfahrungen im Gehirn neue neuronale Trampelpfade, die das Verhaltensrepertoire erweitern.

In der praktischen Arbeit verwendet das NLP auch Modelle aus der Hypnotherapie von Milton Erickson, der Familientherapie von Virginia Satir und der Gestalttherapie von Fritz Perls.
In der Wahrnehmung und Beschreibung des eigenen Empfindens und seiner Veränderung, z. B. durch neue Perspektiven oder Erfahrungen, wird im NLP großer Wert auf die differenzierte Schilderung des Erlebten in allen Sinnesqualitäten gelegt.

Die Erfahrungen, die wir in unserer äußeren Realität machen, erleben wir mit allen unseren Sinneskanälen, dadurch repräsentieren einzelne oder mehrere Aspekte unserer sinnlichen Wahrnehmung unsere subjektive Bewertung und gedankliche Verarbeitung der Situation. Diese sinnlichen Wahrnehmungskanäle nennt man im NLP auch Wahrnehmungsmodalitäten.

Wahrnehmungsmodalitäten

Die Wahrnehmungsmodalitäten werden auch „VAKOG- Repräsentationssysteme" genannt. **VAKOG** steht für:

- **V**isuell – Sehen: Größe, Farben, Helligkeit, Blicke

„Wenn mein Chef so finster schaut, sehe ich meine Aussichten schwinden."

- **A**uditiv – Hören: Lautstärke, Klang, Stimme, Worte

„Wenn er sagt, dass sich das für ihn gut anhört, frage ich mich, ob er es verstanden hat."

- **K**inästhetisch – Fühlen: Spannung, Berührung, Bewegung, Emotion

„Rein gefühlsmäßig passt das nicht, ich spür' da eher noch Angst oder Anspannung."

- **O**lfaktorisch – Riechen: Qualität und Intensität von Gerüchen

„Wir müssen uns erst noch beschnuppern."

- **G**ustatorisch – Schmecken: Qualität und Intensität von Geschmack

„Das hat einen komischen Beigeschmack."

Für den Klienten sind diejenigen Sinneswahrnehmungen am wichtigsten, die seine Reaktionen am stärksten beeinflussen, ja nahezu konditionieren. Für manche Menschen wirkt am stärksten, was sie in bestimmten Momenten sehen oder wie eine wichtige Person sie ansieht, während für andere bedeutender ist, was sie hören (z. B. was jemand über ihr Verhalten sagt) oder was sie fühlen (z. B. die angespannte Atmosphäre spüren).

Praxistipp

In der Kommunikation – das NLP versteht jegliches zwischenmenschliche Verhalten als Kommunikation – kann es sehr nützlich sein, wenn Sie als Coach die bevorzugten Sinneskanäle Ihres Gegenübers als Ausdrucksmerkmale erkennen. Dann können Sie sie gezielt ansprechen, um einen guten Kontakt herzustellen und die optimalen „Lösungsmodalitäten" in die Zieldefinition und das konkrete Vorgehen zu integrieren.

Die „logischen Ebenen"

Menschliches Verhalten geschieht laut Gregory Bateson auf sechs logischen Ebenen, die jeweils die Prozesse von Wahrnehmung, Kommunikation und Lernen auf der nächstniedriger gelegenen Ebene steuern und mit beeinflussen. Auf jeder

Ebene gelten unterschiedliche Regeln für die Entwicklung und jede Veränderung wirkt auch auf die Ebenen darunter.

6 – Die Ebene der Zugehörigkeit und Spiritualität
5 – Die Ebene der Identität
4 – Die Ebene der Werte und Glaubenssätze
3 – Die Ebene der Fähigkeiten
2 – Die Ebene des Verhaltens
1 – Die Ebene der Umwelt

- Umweltebene: Umwelt meint hier sowohl andere beteiligte Menschen, Regeln und Ziele als auch räumliche Gegebenheiten und andere äußere Einflüsse, also den Kontext.
- Verhaltensebene: Verhalten betrifft unsere Interaktionen, ist unser für andere Menschen wahrnehmbares, konkretes Kommunizieren und Handeln.
- Fähigkeitenebene: Fähigkeiten sind kognitive und emotionale Prozesse (Wahrnehmen, Verstehen, Fühlen, Reagieren), die uns ein bestimmtes Verhalten ermöglichen (z. B. Humor, Empathie).
- Ebene der Werte und Glaubenssätze: Diese bestimmen (erlauben, fordern oder tabuisieren) unser Denken und Handeln und damit unsere wichtigsten sozialen Spielregeln.
- Identitätsebene: Identität ist das Selbstverständnis, das uns in unserem Wesen und unseren Rollen als ganze Person definiert.
- Ebene der Zugehörigkeit und Spiritualität: Diese ist die mächtigste Ebene, hier geht es um Verbundenheit, um Herkunft ebenso wie um Zukunft, unsere Lebensvision und -mission und deren größere Bedeutungen, die uns Orientierung geben.

Eine Veränderung im Verhalten wirkt sich nicht automatisch auf der Ebene der Identität aus, jedoch kann eine Veränderung auf der Identitätsebene auf allen unter ihr liegenden Ebenen Veränderungen bewirken.

Je höher die Ebene, auf der Sie mit dem Klienten arbeiten, desto mehr geht es „ans Eingemachte" (die Mehrzahl der Themen, an denen Sie im Coaching arbeiten werden, bewegt sich auf den Ebenen 2 bis 4, seltener auch mal 1und 5). Theoretisch lassen sich die kurzfristigen oder schnell wirksamen Veränderungen auf der Ebene der Umwelt erreichen.
Stellen Sie sich eine aktuelle schwierige Situation vor, die Sie vor eine Herausforderung stellt: Diese Situation einfach zu verlassen, wäre eine sofortige Lösung auf der Ebene der Umwelt. Fehlt diese Option aber, wie meistens im Berufsleben, dann geht es schon um Verhaltensweisen und als Nächstes um persönliche und soziale Fähigkeiten. Der Aufwand, den eine Veränderung erfordert, steigt noch einmal, wenn Sie die Ebene der Werte und Glaubenssätze erreichen.

Übung

Beschriften Sie 12 Karten und legen Sie sie in zwei Reihen jeweils übereinander auf dem Boden aus.

GELUNGENE SITUATION PROBLEMSITUATION

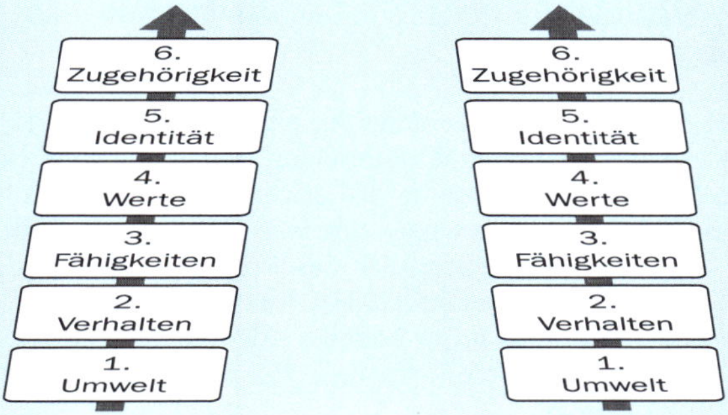

Die rechte Seite steht für Ihre aktuelle Problemsituation bzw. Ihr Anliegen: Um dieses Problem zu lösen, rufen Sie sich eine gelungene Situation in Erinnerung, in der Sie etwas Ähnliches gut gelöst haben – hierfür steht die linke Ebenenseite.
Gehen Sie jetzt auf der linken Seite von Karte zu Karte durch die gelungene Situation und beschreiben Sie jede Ebene sehr genau (mit VAKOG; machen Sie sich evtl. Notizen auf der Karte).
Gehen Sie dann die rechte Seite ebenso von 1 bis 6 durch: Betrachten Sie dazu, welche Qualitäten der gelungenen Situation (linke Seite) auch in der Problemsituation (rechte Seite) lösend oder erleichternd wirken können. Die entsprechenden Karten schieben Sie nach rechts neben die gleiche Ebene der Problemsituation.
Und nun gehen Sie die rechte Seite noch einmal mit den Qualitäten der gelungenen Situation durch und achten darauf, was sich verändert, wenn Sie sie integrieren.

Transaktionsanalyse

Die Transaktionsanalyse (TA) ist ein sehr lebens- und praxistaugliches Konzept, sie wurde von Eric Berne aus der Psychoanalyse abgeleitet. Sie besticht durch ihre Einfachheit und die Nachvollziehbarkeit ihrer Erklärungsmodelle und wird sehr häufig als Reflexions- und Lernansatz für Persönlichkeitsentwicklung und zur Konfliktklärung und -lösung genutzt.

Ziel der TA ist die Akzeptanz der eigenen Person („Ich bin o.k., so wie ich bin, auch mit meinen Defiziten“) als Grundlage für eine Veränderung bisheriger Denk-, Kommunikations- und Verhaltensmuster. Ihre wesentlichen Elemente:

- Das Persönlichkeitsmodell beschreibt anhand von Ich-Zuständen die Persönlichkeitsstruktur.
- Das Kommunikationsmodell verdeutlicht die Wechselwirkungen der Ich-Zustände in der Kommunikation und Interaktion.

- Das Rollenmodell analysiert über die innere Haltung (die O.-k.-Positionen) und das Rollenverhalten die Zusammenhänge zwischen Selbstwertempfinden und adäquater Realisierung sozialer Bedürfnisse.

TA-Persönlichkeitsmodell – die Ich-Zustände

Das Persönlichkeitsmodell der TA unterscheidet (ähnlich wie Freud in der Psychoanalyse das Ego, das Über-Ich und das Es) drei Ich-Zustände. Die Transaktionsanalyse nennt diese „Teilpersönlichkeiten“ das Eltern-Ich, das Erwachsenen-Ich und das Kind-Ich.
Diese Persönlichkeitsanteile wirken in sozialen Interaktionen sowohl bei deren innerer Wahrnehmung und Einschätzung als auch bei der äußeren Reaktion darauf in Form von Kommunikation und Verhalten.

> Jeder erwachsene Mensch hat alle Ich-Zustände zur Verfügung und macht idealerweise so davon Gebrauch, wie es die Situation erfordert.

In jedem dieser Ich-Zustände liegen Fähigkeiten, bei einseitiger oder übertriebener Verwendung jedoch auch Risiken. Je nach Naturell und sozialen Lernerfahrungen sind manche Ich-Zustände stärker ausgeprägt, manche weniger.

Im Coaching ist es sehr interessant, zu sehen, aus welchen Ich-Zuständen heraus der Klient sein „Problem“ schildert. Überwiegend werden Sie dabei das kritische Eltern-Ich und das angepasste oder rebellische Kind in Aktion erleben (echte freie Kinder haben keine Probleme, höchstens die „anderen“).
Im Prozess ist es das freie Kind, das auf Entdeckungsreise gehen will, um neue Ideen und Varianten für seine Entwicklung zu gewinnen. Mithilfe der anderen Ich-Zustände können daraus individuelle und ganzheitliche Lösungen erarbeitet werden.

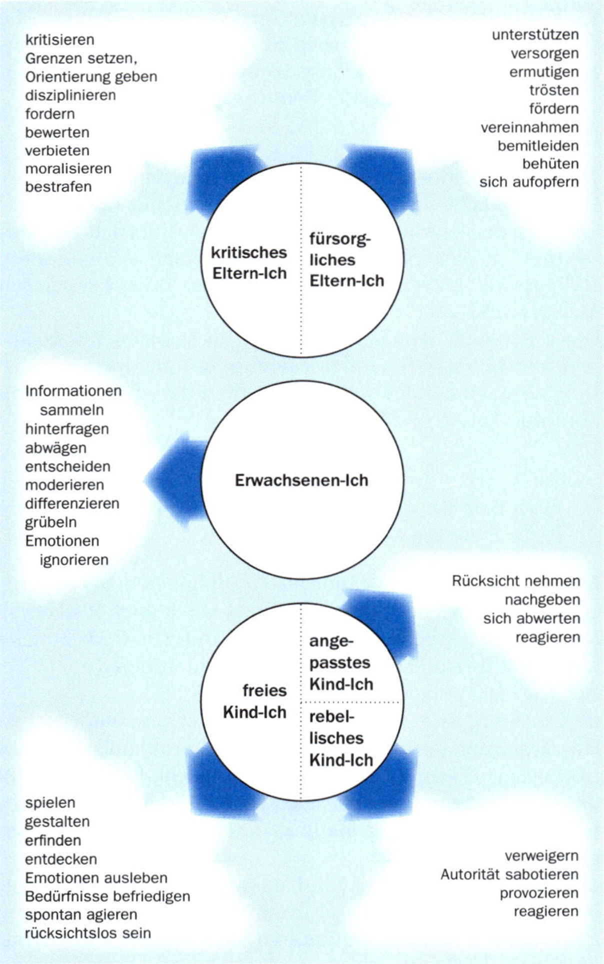

Eltern-Ich, Erwachsenen-Ich und Kind-Ich

TA-Kommunikationsmodell

Unterschieden werden parallele Transaktionen und überkreuzte Transaktionen.

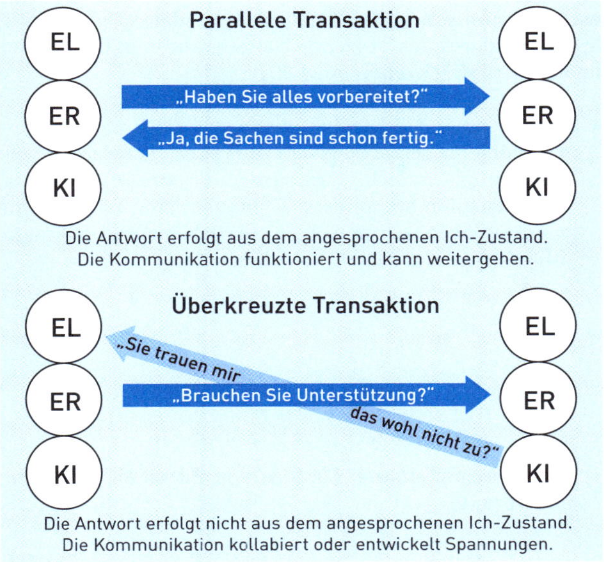

Parallele und überkreuzte Transaktion

Überkreuzte Transaktionen gibt es relativ oft, auch weil bei ungleichen Machtverhältnissen der hierarchisch Unterlegene die Kommunikation des Chefs sehr leicht aus der Kind-Position empfängt, auch wenn sie aus dem Erwachsenen-Ich kommt.

Die Frage „Wie lange sind Sie heute noch im Büro?" werden viele Mitarbeiter als Kontrollfrage interpretieren und hierin eine versteckte Aufforderung zu Überstunden vermuten.

O.-k.-Positionen

Im persönlichen Umgang mit anderen Menschen wirkt sich die innere Haltung von Wertschätzung und Vertrauen gegenüber sich selbst und dem anderen immer auf das Gelingen von Kommunikation, Konfliktlösung und dauerhafter Beziehungsgestaltung aus. Folgende Haltungskombinationen sind beim Aufeinandertreffen möglich:

- Wertet jemand sich selbst ab oder traut sich nicht zu, seine Probleme selbst zu lösen, wird er nur schwerlich Verantwortung für sich übernehmen. Er stuft in Konflikten seine Position als weniger wichtig ein oder hält sich für weniger fähig als sein Gegenüber. In schwierigen Situationen tendiert er zu:

  Strategieempfehlung: Fördern von Zutrauen, Eigenverantwortung

- Verhält sich jemand wie folgt gegenüber einem anderen Menschen, betrachtet er ihn als nicht vertrauenswürdig und wertet seine Kompetenzen und Interessen ab, im Extremfall die ganze Person. Auch dieses Verhalten resultiert oft aus verdrängter eigener Unsicherheit. Dabei begibt er sich in die innere Haltung:

Strategieempfehlung: Perspektivenwechsel, Empathie-Kooperation

- Die Haltung „mit mir kann man sowas machen, ich bin ja selbst schuld“ ist die fatale Mischung aus Selbst- und Fremdabwertung. Das kann zum kompletten Vertrauensverlust in sich und andere führen oder im Extremfall zur Desperado-Strategie von Selbst- und Fremdsabotage. Hier liegt die innere Haltung zugrunde:

– / –
Ich bin nicht o.k. / Du bist nicht o.k.

Strategieempfehlung: Hier ist Coaching in der Regel kontraindiziert.

- Der Idealfall, der oft mit einiger Arbeit an Selbst- und Fremdwertgefühl verbunden ist, beruht auf dem Bemühen um Verständnis für alle Beteiligten und ihre Interessen. Erst die prinzipielle Akzeptanz ermöglicht die Integration aller relevanten Lösungsaspekte und zeigt als konsensorientierte Haltung:

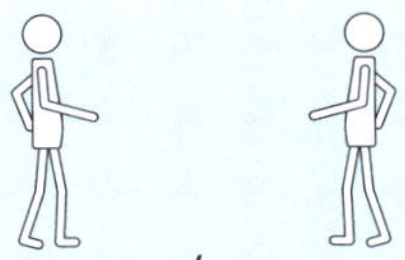

+ / +
Ich bin o.k. / Du bist o.k.

Strategieempfehlung: Ressourcen finden, ausprobieren, anwenden

Das Konfliktverhalten dieser vier O.-k.-Positionen lässt sich folgendermaßen darstellen:

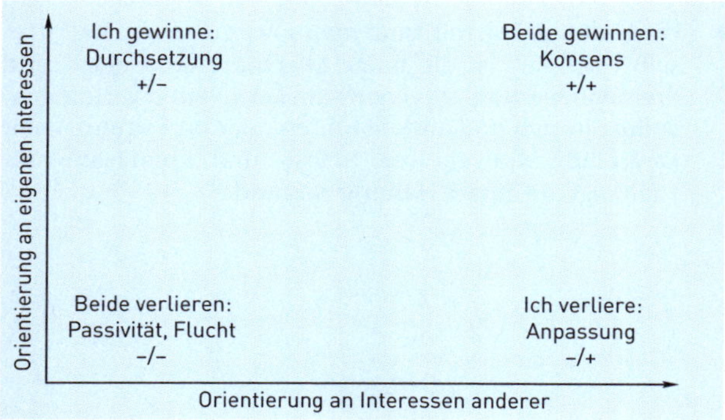

Konfliktverhalten

Das Drama-Dreieck

In diesem Rollenmodell der Transaktionsanalyse von Stephen Karpman kann die Haltung „Ich bin o. k. / Du bist nicht o. k." in zwei unterschiedlichen Ausprägungen eingenommen werden, nämlich als „Verfolger" und als „Retter". Eine dritte Rolle mit „Ich bin nicht o. k. / Du bist o.k."-Haltung nimmt das „Opfer" ein.

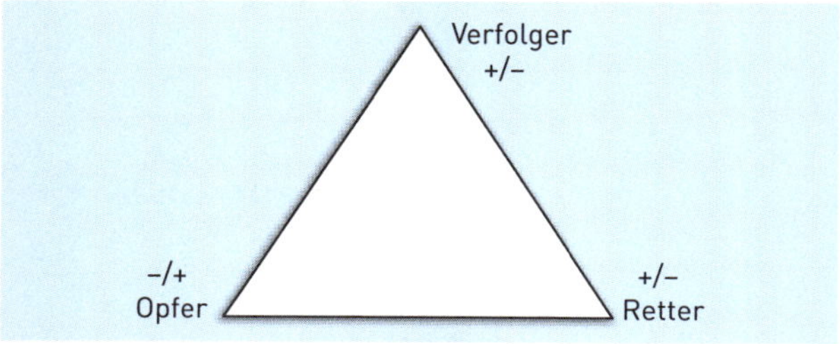

Drama-Dreieck von Stephen Karpman

Verfolger

Nur wenn ich genügend Druck mache, bekomme ich, was ich brauche, oder tun die anderen, was ich will, ohne dass mir jemand zu nahe kommt.

Hat gern Recht oder das letzte Wort, projiziert seine eigene Selbstunsicherheit und Verletzlichkeit in ungeduldiger, überkritischer bis abwertender Haltung auf sein Gegenüber. Spielt mit dem Opfer auch mal „Sündenbock" oder *Muss man denn hier alles selber machen?*. Mit dem Retter konkurrierend, spielt er eher „Verständnis hilft hier nichts, Konsequenzen müssen her".

Grundangst	– ohnmächtig zu sein – verletzt oder vereinnahmt zu werden
Bedürfnisse	– Sicherheit – Akzeptanz – Trost, Halt
Ressourcen	– Unabhängigkeit – Mut

Retter

Erst wenn ich für andere viel mehr getan habe als sie für mich, fühle ich mich berechtigt, selbst Ansprüche zu haben.

Kann kaum selbst etwas annehmen, nimmt aber gern anderen die Eigenverantwortung weg, um unentbehrlich zu sein. Hält die anderen durch diese Dysbalance zwischen Geben und Nehmen in der Schuld bzw. Abhängigkeit. Spielt mit dem Opfer *Wenn du mich nicht hättest ... (... aber bleib so, gib mir das Gefühl, gebraucht zu werden bzw. ein guter Coach zu sein).*

Grundangst	– nicht wichtig zu sein – sich zeigen und abgewiesen zu werden
Bedürfnisse	– Wertschätzung – Ankommen – Grenzen
Ressourcen	– Mitgefühl – Engagement

Checkliste: Ihre persönliche Rollen-Tendenz im Drama-Dreieck

Beantworten Sie die folgenden Fragen möglichst spontan und ehrlich mit Ja oder Nein:

1. Neigen Sie zu Angriffen und Vorwürfen?
2. Neigen Sie zu Verteidigungen und Entschuldigungen?
3. Haben Sie schnell den Impuls, zu helfen?
4. Haben Sie Spaß an Konflikten und verbalem Schlagabtausch?
5. Versuchen Sie, Konflikte eher zu vermeiden?
6. Geben Sie gern Ratschläge und Tipps, auch wenn die anderen selbst auf eine Lösung kommen könnten?
7. Müssen Sie immer und überall Recht haben?
8. Sprechen und entscheiden Sie oft für andere, auch wenn diese das für sich selbst tun könnten?
9. Sagen Ihnen Menschen manchmal, dass Sie ein Besserwisser sind?
10. Fällt es Ihnen schwer, abweichende Meinungen klar zu vertreten oder Nein zu sagen?
11. Kommen Freunde oder Kollegen immer wieder mit den gleichen Fragen zu Ihnen?
12. Fühlen Sie sich manchmal machtlos, wenn die Dinge nicht so gut laufen?
13. Denken Sie oft über andere „Wie kann man nur so ... (dumm, schlapp, unpünktlich etc.) sein!"?
14. Wenden Sie sich öfter an andere und erbitten deren Meinung, weil Sie denken, dass die es besser wissen könnten?
15. Geben Sie geduldig immer wieder die gleichen Auskünfte und Anweisungen?
16. Setzen Sie sich nicht genügend für sich selbst ein?
17. Machen Sie häufig „Diagnosen" oder Deutungen und sagen anderen, was sie denken oder fühlen (z. B. „Sie sind wohl überfordert ...")?
18. Bekommen Sie öfter schwierige Arbeiten/Entscheidungen von Kollegen zugeschoben?

Wenn Sie die Fragen 1, 4, 7, 9, 13 und 17 mit Ja beantwortet haben, dann tendieren Sie zur Verfolgerrolle.
Wenn Sie die Fragen 3, 6, 8, 11, 15 und 18 mit Ja beantwortet haben, tendieren Sie zur Retterrolle.
Wenn Sie die Fragen 2, 5, 10, 12, 14 und 16 mit Ja beantwortet haben, tendieren Sie zur Opferrolle.
Ein gestreuter Mix bedeutet, dass Sie flexibel handeln und nicht auf eine bestimmte Rolle festgelegt sind.

Opfer
Solange ich hilf- und verantwortungslos wirke, bekomme ich wenigstens Mitleid, Ungeduld oder Ärger (Negativ-Zuwendung)
Hat die Macht, bei anderen Schuldgefühle auszulösen (als Aggressionsersatz). Für beide, den Verfolger, aber vor allem den Retter, als „Spielpartner“ sehr attraktiv. Mit dem Retter spielt er *Schau her, wie ich leide, hilf mir (doch endlich). Du weißt besser als ich, was ich brauche.* Mit dem Verfolger spielt er *Ich weiß auch nicht, warum ich es immer noch falsch mache (erklär es mir endlich richtig).* Traut sich selbst zu wenig zu.

Grundangst	- nicht gut genug zu sein - übersehen oder verlassen zu werden
Bedürfnisse	- Zugehörigkeit - Bestätigung - Vertrauen
Ressourcen	- Kreativität - Flexibilität

Kliententypen im Coaching

Steve de Shazer beschreibt als Phänomene typischer Beziehungsmuster in Beratungskontexten drei Kliententypen, mit denen Sie als Coach immer wieder mal konfrontiert werden können. Er unterscheidet dabei nach dem Typ Besucher, dem Typ Klagender und dem Typ Kunde.

Ohne dabei in ein Schablonendenken zu verfallen, kann es schon für die Gestaltung eines klaren und wirksamen Kontrakts sehr hilfreich sein, ihre jeweiligen Verhaltensmuster zu erkennen.
Aber auch im weiteren Verlauf des Coaching-Prozesses haben sich einige Vorgehensweisen als nützlich herausgestellt, mit denen der Coach die Entwicklung dieser Kliententypen unter Berücksichtigung ihrer Besonderheiten gut unterstützen kann.

Die Kliententypen und das entsprechende lösungsorientierte Vorgehen:

Besucher
Beim Besucher handelt es sich um einen Klienten, der zum Coaching geschickt oder überredet wird. Er kommt sozusagen mit einem Auftrag ins Coaching, soll aufhören sich abzusondern, an seinem Kommunikationsverhalten arbeiten oder lernen, mit seinen Aggressionen umzugehen.
Der Klient selbst hat dabei nicht den Eindruck, ein Problem zu haben, geschweige denn daran arbeiten zu müssen. Wenn ein solcher Klient doch ein Problem wahrnimmt, hat er den Eindruck, dass es sich um das Problem einer anderen Person handelt, meistens der Person, die ihn zum Coaching geschickt hat.
Dieser Kliententypus ist für lösungsorientiert arbeitende Coaches und Berater besonders schwierig, da es kaum möglich ist, sich mit ihm darüber zu verständigen, was das Problem ist oder wie es gelöst werden könnte.

Interventionsmöglichkeiten:

- akzeptieren des Widerstands,
- Anerkennung aussprechen, Ausschau halten nach dem, was funktioniert.

Der Klient vom Typ Besucher bekommt keine bestimmten Aufgaben.

Klagender
Beim Klagenden handelt es sich um einen Klienten, der eine klar beschreibbare Beschwerde hat, sich selbst aber nicht als Teil des Problems oder der Lösung wahrnimmt. Er ist eher der Auffassung, dass jemand anders, z. B. der Chef, der Ehepartner oder ein Freund, für die Lösung zuständig ist.
Ein solcher Klient fühlt sich machtlos und spricht häufig in der Problemsprache.
Auf die Frage, wie der Coach ihm helfen könnte, antwortet er häufig etwas wie *Um mir zu helfen, müssten Sie wohl meinen Kollegen (meinen Sohn etc.) ändern können.*

Es ist auch möglich, dass der Klient vom Coach erwartet, dass dieser ihm beibringt, die als problematisch empfundene andere Person selbst zu ändern.

> Klienten vom Typ Klagender machen einen relativ großen Teil der Klienten aus.

Interventionsmöglichkeiten:
- akzeptieren der Wahrnehmung des Problems,
- von der Problem- in die Lösungssprache übergehen: Wie wäre es, wenn sich die betreffende Person/die problematische Situation schon geändert hätte? Was würde der Klient dann anders machen? Könnte er manche dieser Dinge auch schon jetzt, wo das Problem noch besteht, verändern?

Der Klient vom Typ Klagender bekommt eine Beobachtungs- oder Denkaufgabe als Hausaufgabe.

Kunde
Ein Kunde ist ein Klient, der eine definierte Beschwerde hat und der bereit ist, etwas für die Lösung zu tun. Dieser Klienttypus sucht aus eigenem Antrieb heraus nach Hilfe und sieht sich selbst als Teil seines Problems und somit auch als Teil der Lösung an.

In der Regel kann schnell das Problem identifiziert und eine Vorstellung von einer möglichen Lösung erarbeitet werden.

Interventionsmöglichkeiten:
Problem genau beschreiben lassen, Zielzustand festlegen, Ausnahmen vom Problem finden.

Der Klient vom Typ Kunde bekommt Hausaufgaben in Form von Verhaltensaufgaben: Tun Sie mehr von dem, was funktioniert.

Praktische und kompakte Übungen

Fünf Fragen – Kurzberatung

Einige komprimierte Fragen können zur ersten Lösung aus der „Problemtrance" helfen:

1. Schildere kurz die Situation.
2. Was daran ist dein Problem?
3. Nenne drei bis fünf erfolgreiche Möglichkeiten, wie du die Situation verschlimmern kannst.
4. Wie durch ein Wunder ist das Problem gelöst: Wie sieht die nächstmögliche Situation aus, was tust du, was tun die anderen? (Was würde fehlen?)
5. Welches wären die ersten (kleinen) Anzeichen dafür, dass es in diese Richtung geht? Gibt es davon bereits welche?

Die klare Übersichtlichkeit und die Struktur der Fragen ermöglichen auch weniger geübten Coaches und Lernpartnern, sich im Lernkontext gegenseitig zu interviewen, zu unterstützen und zu begleiten.
Im professionellen Setting kann damit in kurzer Zeit ein Thema bearbeitet werden.

Selbst-Coaching

Viele Menschen haben entweder nicht die Möglichkeit, ein Coaching in Anspruch zu nehmen, oder haben Vorbehalte, sich jemandem anzuvertrauen. Das Selbst-Coaching stellt hier eine mögliche Alternative dar: Schnell zur Hand, eignet es sich gut dazu, heikle Situationen zu durchdenken, Entscheidungen auf ihre Auswirkungen zu prüfen und für anstehende Probleme Lösungen zu finden.
Darüber hinaus können die Methoden des Selbst-Coachings dem Klienten nach einem abgeschlossenen Prozess an die Hand gegeben werden. Anregungen für ein Selbst-Coaching:

Übung 1: Blick durchs Teleskop

Ziel: Entwicklung neuer Perspektiven in festgefahrenen Situationen.

1. Wählen Sie zuerst eine (betriebliche) Situation aus, die Sie gerade besonders beschäftigt.
2. Entwerfen Sie nun mehrere unterschiedliche, auch vollkommen verrückte Blickwinkel und Teleskop-Perspektiven und schreiben Sie diese auf je ein Kärtchen (z. B. im Flugzeug, beim Zähneputzen, als Maus oder Comicfigur).
3. Wählen Sie im nächsten Schritt jene drei Blickwinkel aus, die Ihnen am meisten zusagen.
4. Erarbeiten Sie nun für jeden der drei Blickwinkel folgende Fragen und schreiben Sie die Antworten ebenfalls auf:
   - Was sehe ich aus der jeweiligen Perspektive?
   - Was denke ich daraufhin über die Situation?
   - Welche Entscheidungen treffe ich dann am besten?
   - Welche Handlungen werde ich ganz konkret unternehmen?
5. Wählen Sie jetzt diejenige Sichtweise aus, die Ihnen persönlich die gelassenste Betrachtung ermöglicht.

6. Machen Sie sich bewusst: Sie entscheiden sich für die optimale Perspektive und können jederzeit so handeln, wie Sie es aufgeschrieben haben.

Übung 2: Zwischen den Stühlen sitzen

Die nächste Übung eignet sich zum experimentellen Herantasten an eine Lösung, in der zumindest zwei Optionen offenstehen und eine Entscheidung fällig ist, z. B. für ein Projekt, eine Investition, einen neuen Mitarbeiter oder etwas Persönliches:

1. Machen Sie sich zuerst bewusst, zwischen wie vielen Stühlen Sie in Ihrer Sache sitzen, und bestimmen Sie für jede Option einen Stuhl. Bereiten Sie für jeden Stuhl ein Blatt Papier und Schreibzeug vor.
2. Stellen Sie nun die Stühle nacheinander so an den Platz im Raum, der Ihnen passend erscheint, dass noch freier Raum zwischen den Stühlen bleibt.
3. Nehmen Sie noch eine weitere neue Position hinzu, den „Platz am Fenster". Er kann Weitblick bieten (Fenster) oder signalisieren, dass „Licht auf die Sache fällt" (Lichtschalter).
4. Beginnen Sie nun an der Position, an der Sie sich in Ihrer Sache gerade erleben, also zwischen den Stühlen, und gehen Sie mit ruhigen kleinen Schritten die leere Fläche zwischen den Stühlen ab, um alles Verfügbare zu erkunden.
5. Nehmen Sie anschließend auf jenem Stuhl Platz, der Sie gerade am meisten anspricht, geben Sie dem Platz einen Namen und schreiben Sie ihn auf den Stuhl. Dann beantworten Sie für sich folgende Fragen und schreiben Sie die wesentlichen Punkte auf das erste Blatt:
   - Was macht diese Position attraktiv?
   - Was sind die Vorteile dieser Position? Woran erkenne ich diese Vorteile?
   - Wer profitiert (noch) davon?
   - Was fällt mir an dieser Position noch auf?

- Worauf muss ich in Zukunft eventuell verzichten, wenn ich diese Position einnehme?
- Wer in meinem Umfeld verliert etwas, wenn diese Position den Vorzug erhält?

6. Wechseln Sie anschließend den Platz, indem Sie am Fensterplatz vorbei zum nächsten Stuhl gehen. Am Fensterplatz können Sie gern eine Zeitlang den Weitblick genießen.
7. Auf dem nächsten Stuhl gehen Sie die gleichen Fragen durch und schreiben die wesentlichen Punkte auf.
8. Sofern Sie noch weitere Positionen im Raum ausgebracht hatten, suchen Sie diese nacheinander auf.
9. Gehen Sie abschließend zum Platz am Fenster, betrachten Sie alle Positionen und überlegen Sie:
   - Wenn ich mich jetzt spontan entscheide, was passiert dann und wer merkt dies zuerst?
   - Wie ließen sich die wesentlichen Vorteile der unterschiedlichen Positionen kombinieren bzw. deutlich trennen, die Nachteile ausgleichen bzw. akzeptieren?
   - Worum könnte es in dieser Sache evtl. noch gehen?
   - Was würde mir eine außenstehende Person (Freund, Kollege, Experte) raten, welches der nächste Schritt sein sollte?
10. Tragen Sie zuletzt noch alle Blätter zusammen und notieren Sie, sofern nicht schon eine Entscheidung gefallen ist, was Sie auf jeden Fall als Nächstes tun werden.

Die Wunderfrage nach Steve de Shazer

Dies ist ein absoluter Klassiker der lösungsorientierten Arbeit, der in unzähligen Abwandlungen praktiziert wird und sich in seinen einzelnen Elementen in vielen Ansätzen und Übungen wiederfindet. Am besten führen Sie diese Übung erstmal in dieser, gegebenenfalls auch mehrere Sitzungen umfassenden Struktur durch.

Teil I

Ich habe eine seltsame, vielleicht ungewöhnliche Frage, eine Frage, die einige Vorstellungskraft benötigt …
Pause. Warten Sie auf irgendein Zeichen, um mit der Frage fortzufahren.

Stellen Sie sich vor …
Pause. Diese gibt dem Klienten Zeit, sich zu überlegen, welch schwierige Sache Sie ihn jetzt fragen werden.

Wenn wir hier heute fertig sind, gehen Sie nach Hause, schauen noch ein bisschen fern, erledigen die üblichen Dinge und gehen dann schlafen.
Pause. Ziemlich normale, alltägliche Dinge – nicht besonders seltsam!

Und während Sie schlafen, geschieht ein Wunder …
Pause. Der Kontext für dieses Wunder ist das normale, alltägliche Leben des Klienten. Diese Konstruktion erlaubt jegliche Art von fantastischem Wünschen.

Und die Probleme, die Sie hierher gebracht haben, sind gelöst, einfach so!
Pause. Jetzt liegt der Fokus bei einem besonderen Wunder, das mit seinem Erscheinen zum Coaching zusammenhängt.

Aber das alles geschieht, während Sie schlafen, daher können Sie nicht wissen, dass es geschehen ist.
Pause. Dies erlaubt dem Klienten, sein Wunder zu konstruieren, ohne das Problem oder die Schritte, die zu seiner Lösung nötig sind, zu beachten.

Wenn Sie morgens aufwachen, woran werden Sie erkennen, dass dieses Wunder geschehen ist?
Warten Sie! Der Coach sollte das folgende Schweigen nicht unterbrechen; der Klient ist nun an der Reihe mit Sprechen, er soll die Frage beantworten. Wenn die Antwort des Klienten

(aus Sicht des Coaches) tatsächlich vollkommen unangemessen ist, ist die beste „Antwort" des Coaches, das Schweigen fortzusetzen. Dies gibt dem Klienten die Chance, die Antwort zu „verbessern" und sie realistischer zu machen.

Teil II

Woran wird Ihr bester Freund/Ihre beste Freundin erkennen, dass das Wunder geschehen ist? oder

Teil III

Wann war der letzte Zeitpunkt (Tage, Stunden, Wochen), an den Sie sich erinnern können, an dem Ihr Leben ähnlich war wie am Tag nach dem Wunder?

Teil IV

Auf einer Skala von 0 bis 10, auf der 10 bedeutet, dass alles sich verhält wie am Tag nach dem Wunder, und 0 bedeutet, dass alles ist wie zu dem Zeitpunkt, als Sie diesen Termin hier vereinbart haben – wo auf dieser Skala von 0 bis 10 stehen Sie jetzt im Moment?
Diese Fortschrittsskala soll beiden, dem Coach und dem Klienten, erkennen helfen, wo der Klient in Relation zu seinen Zielen gerade steht.

Auf der gleichen Skala: Was, glauben Sie, würde Ihr bester Freund sagen, wo Sie stehen?
Auf der gleichen Skala, wo würden Sie den Tag einstufen, von dem Sie mir gesagt haben, dass alles ähnlich war wie am Tag nach dem Wunder?

Teil V

Und, was ist besser geworden?
(Eröffnungsfrage in späteren Sitzungen): „Besser" ist eine Konstruktion und dient dazu, beide (Coach und Klienten) daran zu erinnern, dass es eines der Ziele in den folgenden Sitzungen ist, dem Klienten zu helfen, Dinge als „besser" zu beschreiben. Wenn man es versäumt, die nachfolgenden Sit-

zungen mit dieser Frage zu beginnen, untergräbt man den Wert der anderen vier Teile.

Teil VI

Erinnern Sie sich an die Skala, auf der 10 für den Tag nach dem Wunder steht? Was würden Sie sagen, wo stehen Sie heute auf dieser Skala?

Die Fortschrittsskala: Es scheint erfahrungsgemäß nützlicher zu sein, dies zu fragen, ohne den Klienten an sein früheres Rating zu erinnern. Wenn die Frage folgendermaßen gestellt wird: „Letztes Mal standen Sie bei 3, wo stehen Sie jetzt?", neigen die Klienten dazu, mit 3 zu antworten. Bei der offenen Version der Frage tendieren die Klienten dazu, mit einem höheren Rating zu antworten als in der letzten Sitzung, und empfinden den Trend als Bestätigung für ihre geleistete Arbeit.

Übung: Speed-Interview mit Video

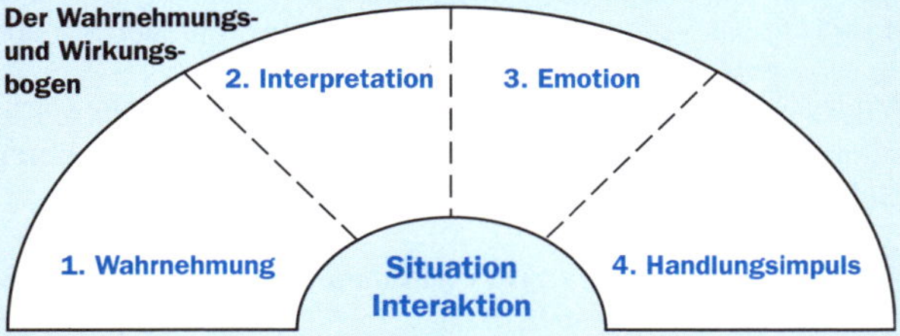

Erklären Sie dem Klienten die vier Schritte des Wahrnehmungsbogens so, dass er sie klar unterscheiden kann, vor allem den 1. und den 2. Schritt. Lassen Sie ihn dann vor laufender Kamera stehend frei über sein Thema sprechen vom 1. bis zum 4. Schritt, maximal je zwei Minuten (mit Stoppuhr!), ohne dass Sie nachfragen oder bei Pausen eingreifen. Überlassen Sie ihm das erste Feedback über sich selbst und tauschen Sie sich dann über Ihre Eindrücke aus. Was war deutlich, was fehlt? Das ermöglicht Vertiefung und Verdichtung in allen Phasen.

Auf den Punkt gebracht

- Als Coach sollten Sie sich vor der Anwendung aller Methoden in diesem Kapitel bewusst machen, ob diese nur zur Klärung, bereits zum Entwickeln von Lösungsideen, zum Bilanzieren oder für alle drei Optionen eingesetzt werden sollen.
- Der Einsatz der vorgestellten Methoden verlangt nach Sich-Einlassen auf die Vorgehensweise und die Wirkung sowie nach gutem Timing, damit das Erarbeitete rechtzeitig wieder in alltägliche Sprache umgewandelt werden kann.
- Verinnerlichen Sie die Elemente zum Gestalten und Strukturieren aus den vorangegangenen Kapiteln durch Üben (bis zur nahezu „unbewussten Kompetenz"), dann haben Sie die maximale Aufmerksamkeit für den Klienten.
- Bleiben Sie bei aller Empathie für die Klienten und Begeisterung für die Arbeit als Coach gut in Kontakt mit sich selbst. Pflegen Sie Ihre Kontakte zu anderen Coaches, vernetzen Sie sich und tauschen Sie sich aus. Dann werden Sie sicherlich auch einige neue, eigene Ideen und Vorgehensweisen für Übungen entwickeln und ausprobieren und dabei mehr und mehr Ihren eigenen Stil finden.
- Wenn Sie Menschen mögen und Ihre soziale Kompetenz für die Arbeit als Coach professionalisieren wollen, können Sie sich auf anstrengende, aber erfüllende Begegnungen und Prozesse freuen.

Literaturempfehlungen

Dilts, Robert B./Kierdorf, Theo/Höhr, Hildegard: Die Magie der Sprache – Angewandtes NLP. Paderborn ^{3}2008

Haberleitner, Elisabeth/Deistler, Elisabeth/Ungvari, Robert: Führen, Fördern, Coachen – So entwickeln Sie die Potentiale Ihrer Mitarbeiter. München ^{2}2007

Patrzek, Andreas: Fragekompetenz für Führungskräfte: Handbuch für wirksame Gespräche mit Mitarbeitern. Leonberg ^{4}2005

Polt, Wolfgang/Rimser, Markus: Aufstellungen mit dem Systembrett. Münster 2006

Radatz, Sonja: Einführung in das systemische Coaching. Heidelberg 2009

Rautenberg, Werner/Rogoll, Rüdiger: Werde, der du werden kannst – Persönlichkeitsentfaltung durch Transaktionsanalyse. Freiburg im Breisgau ^{17}2009

Schmidt-Tanger, Martina / Stahl, Thies: Change-Talk. Coachen lernen! Coaching-Können bis zur Meisterschaft. Paderborn ^{2}2007

Stollnberger, Verena: Ausnahmen, Skalen, Komplimente & Co. – Der lösungsfokussierte Ansatz nach Steve de Shazer und Insoo Kim Berg. Marburg 2009

Stichwortverzeichnis